国家卫生健康委员会"十四五"规划教材

全国中等卫生职业教育教材

供医学检验技术专业用

无机化学基础

第4版

主　编　王宙清

副主编　蔡德昌　冯　姣

编　者（以姓氏笔画为序）

王宙清（山东省莱阳卫生学校）

冯　姣（山西省长治卫生学校）

孙秀明（山东省莱阳卫生学校）

李　曼（秦皇岛市卫生学校）

李　慧（山东省青岛第二卫生学校）

李仲胜（广东省新兴中药学校）

林沁华（赣南卫生健康职业学院）

蔡德昌（重庆市医药卫生学校）

人民卫生出版社

·北　京·

图书在版编目（CIP）数据

无机化学基础 / 王宙清主编. —4 版. —北京：
人民卫生出版社，2022.11 （2024.5重印）
ISBN 978-7-117-34112-7

Ⅰ. ①无… Ⅱ. ①王… Ⅲ. ①无机化学 - 中等专业学
校 - 教材 Ⅳ. ①O61

中国版本图书馆 CIP 数据核字（2022）第 225235 号

人卫智网	www.ipmph.com	医学教育、学术、考试、健康， 购书智慧智能综合服务平台
人卫官网	www.pmph.com	人卫官方资讯发布平台

无机化学基础
Wuji Huaxue Jichu
第 4 版

主　　编：王宙清
出版发行：人民卫生出版社（中继线 010-59780011）
地　　址：北京市朝阳区潘家园南里 19 号
邮　　编：100021
E - mail：pmph @ pmph.com
购书热线：010-59787592　010-59787584　010-65264830
印　　刷：三河市国英印务有限公司
经　　销：新华书店
开　　本：850×1168　1/16　印张：9　插页：1
字　　数：192 千字
版　　次：2002 年 9 月第 1 版　2022 年 11 月第 4 版
印　　次：2024 年 5 月第 3 次印刷
标准书号：ISBN 978-7-117-34112-7
定　　价：39.00 元
打击盗版举报电话：010-59787491　E-mail：WQ @ pmph.com
质量问题联系电话：010-59787234　E-mail：zhiliang @ pmph.com
数字融合服务电话：4001118166　E-mail：zengzhi @ pmph.com

修订说明

为服务卫生健康事业高质量发展，满足高素质技术技能人才的培养需求，人民卫生出版社在教育部、国家卫生健康委员会的领导和支持下，按照新修订的《中华人民共和国职业教育法》实施要求，紧紧围绕落实立德树人根本任务，依据最新版《职业教育专业目录》和《中等职业学校专业教学标准》，由全国卫生健康职业教育教学指导委员会指导，经过广泛的调研论证，启动了全国中等卫生职业教育护理、医学检验技术、医学影像技术、康复技术等专业第四轮规划教材修订工作。

第四轮修订坚持以习近平新时代中国特色社会主义思想为指导，全面落实党的二十大精神进教材和《习近平新时代中国特色社会主义思想进课程教材指南》《"党的领导"相关内容进大中小学课程教材指南》等要求，突出育人宗旨、就业导向，强调德技并修、知行合一，注重中高衔接、立体建设。坚持一体化设计，提升信息化水平，精选教材内容，反映课程思政实践成果，落实岗课赛证融通综合育人，体现新知识、新技术、新工艺和新方法。

第四轮教材按照《儿童青少年学习用品近视防控卫生要求》（GB 40070—2021）进行整体设计，纸张、印刷质量以及正文用字、行空等均达到要求，更有利于学生用眼卫生和健康学习。

前　言

无机化学基础是国家卫生健康委员会"十四五"规划教材，是中等卫生职业教育医学检验技术专业的一门专业核心课程。本教材是根据教育部《中等职业学校医学检验技术专业教学标准》，按照教育部"十四五"职业教育国家规划教材出版要求，在赵红主编的"十二五"职业教育国家规划立项教材《无机化学基础》第3版基础上编写而成，供中等卫生职业教育医学检验技术专业学生使用。

在教材编写过程中，积极落实党的二十大精神进教材要求，始终贯彻立德树人、德技并修、育训结合、突出课程思政的现代职业教育理念；注重以服务为宗旨，以就业为导向；遵循"三基、五性"的原则，注意把握好教材的深度和广度；融传授知识、培养能力、提高素质为一体，重视学生创新、获取信息及终身学习能力的培养。

本教材按54学时编写，理论部分共八章，实训部分有八个，还有元素周期表和常用化学用表。本教材强调基本知识与基本技能相结合，理论知识与专业需求相结合，注重引入医学中的化学知识，体现无机化学在医学科学领域中的应用。创新教材形式，使教材更加情景化和形象化；教材内容与职业资格证书考试紧密结合，为基层医疗机构培养实用型医学检验技术人才打下基础。

本教材在内容选择和编排体系上进行了适当调整。如将氧化还原反应与化学反应速率和化学平衡合为一章，使教学内容紧凑，易于学生对化学反应及其规律的理解；常见元素及其化合物一章增加了氮、铝、铁及其化合物等内容，重点突出，实用性强。教材在编写体例上有创新，每章新增数字资源内容，扫描章首二维码可以进行学习；知识拓展开阔了学生的知识视野；课堂问答巩固了学生课堂学习效果；章末小结突出重点，便于学生复习；数字资源包括本章PPT和目标测试题等，目标测试加深了学生对知识的全面理解和掌握。

教材在编写过程中，得到了各位编者所在学校的大力支持，并参考了近五年来部分本科院校、高职院校、中职学校的有关教材，在此表示衷心感谢。

鉴于编者水平所限和时间仓促，教材中难免存在不妥和疏漏之处，敬请专家、读者批评指正。

王宙清
2023年9月

目　录

第一章 | 绪 论

01章 数字资源

一、无机化学的地位和作用

化学是自然科学的一个分支，依据化学所研究的方法、目的和任务的不同，可将化学分为四大基础学科：无机化学、有机化学、物理化学和分析化学。无机化学是研究物质的组成、结构、性质及其变化规律的一门自然科学。它是化学科学中发展最早的一个分支，也是研究其他化学分支的基础。

化学发展大致可分为三个阶段。

一是古代化学发展时期（17世纪中期以前）：

人类的化学知识来源于以实用为目的的具体工艺过程的体验，如从原始人类开始用火烹煮食物、烧制陶器、冶炼青铜到后来的炼金术、炼丹术、造纸术和医药技术等，这是化学知识的最早体现，化学作为一门学科尚未诞生。

二是近代化学发展时期（17世纪中期之后到19世纪末）：

科学元素论和原子-分子论相继提出，元素周期律被发现，形成了比较完整的无机化学体系和化学理论体系。资本主义工业革命推动了化学的飞速发展，1777年，近代化学之父法国科学家拉瓦锡的空气成分实验和物质燃烧氧化学说为质量守恒定律的产生提供了实验基础；1803年，英国化学家道尔顿提出了科学的原子学说；1811年，意大利化学家阿伏伽德罗提出了分子概念；1869年，俄国科学家门捷列夫发现了元素周期律。原子-分子论的建立和元素周期律的发现，使化学实现了从经验到理论质的飞跃，这一时期无机化学、有机化学、物理化学和分析化学四大基础学科相继建立,化学因此也发展成为一门独立的学科。

三是现代化学发展时期(20世纪以来):

这一时期,无论在化学的理论、研究方法、实验技术以及应用方面都发生了深刻的变化,在原有的化学四大基础学科基础上,又衍生出了新的分支,如高分子化学、核化学和放射化学、生物化学等。化学学科在其发展过程中还与其他学科交叉形成多种边缘学科,如环境化学、农业化学、药物化学、材料化学、地球化学、计算化学等,化学已被公认为是一门中心学科。

中华人民共和国成立以后,我国化学工业得到了迅猛发展。化肥、农药以及酸、碱等化工产品产量飞速增长,石油化工发展更是突飞猛进。生物无机化学的研究对象从生物小分子配体上升到生物大分子;从研究分离出的生物大分子到研究生物体系;近年来又开始了对细胞层次的无机化学研究,研究水平逐年提高。随着国家科技强国战略的实施,我国的化学事业必会取得更加辉煌的成就。

 知识拓展

侯氏制碱法

侯德榜(1890—1974),中国杰出的化学家,侯氏制碱法的创始人。侯氏制碱法是将氨碱法和合成氨法两种工艺联合起来,同时生产纯碱和氯化铵两种产品的方法。它综合利用了氨厂的废气CO_2,将其转变为碱厂的主要原料来制取纯碱,从而节省了用于制取CO_2的石灰窑;用碱厂的无用的成分氯离子来代替价格较高的硫酸固定氨厂里的氨,制取氮肥氯化铵。侯氏制碱法减少了对环境的污染,大大降低了纯碱和氮肥的成本,使原料食盐的利用率由70%左右提高到96%以上,创造了世界制碱业的奇迹。

二、无机化学与医学的关系

现代化学和现代医学的关系密不可分。例如,研究生命活动的生物化学就是从无机化学、有机化学和生理学等发展起来的学科,它利用化学的原理和方法,研究人体各组织的组成、亚细胞结构和功能、物质代谢和能量变化等生命活动。近几十年来,分子生物学的发展使人们对生命的了解深入到分子水平,对医学和其他相关生物学科产生了重大影响。例如,科学家证明了作为生物遗传因子的基因就是脱氧核糖核酸(DNA)分子,人们用新的化学方法来测定基因的分子结构。21世纪初科学家确定了人体细胞核中遗传性DNA的全部物质,即基因组,测定了其中每种基因的化学序列。这一成就应用于医学,可以对人类遗传性疾病做出分子水平的解释。

（一）人体内许多生理、病理变化以化学反应为基础

人体的生命过程包含极其复杂的物质变化过程，各种组织由糖类、蛋白质、脂类、无机盐和水等物质组成；人体的生长发育、新陈代谢和其他一切生理、病理过程都与体内物质的化学变化密不可分。

（二）化学是药学研究的重要工具

化学和药学密切相关，药物的化学结构和化学性质直接影响药效和毒副作用，药物间的配伍禁忌也与其化学性质有关。药物的合成、制备以及天然药物中有效成分的提取，药物及其代谢物的临床监测和体液中蛋白质、酶、核酸、激素、微量元素等的测定和分析都离不开化学。正确合理地用药，必须掌握有关的化学知识。

（三）运用临床化学检验诊断疾病

临床化学检验是利用化学原理和方法对病人的血液、尿液、粪便等标本中有关成分含量的变化进行客观的检查分析，为诊断疾病提供科学依据。例如，利用化学方法测定血液中转氨酶活性，能反映肝脏和心肌的功能状况；测定血液中尿素氮的含量，可说明肾脏功能状况；测定血糖、尿糖、酮体含量，是诊断糖尿病的主要依据。

三、无机化学的教学内容和教学任务

（一）无机化学的教学内容

无机化学基础是中等卫生职业教育医学检验技术专业的一门重要的专业核心课程。本课程教学内容主要包括基础理论、元素化学和实训技能。基础理论主要学习无机化学的基础理论，包括溶液、物质结构与元素周期律、电解质溶液、化学反应及其规律、缓冲溶液、配位化合物等；元素化学主要学习重要元素单质及其化合物的基本知识；实训内容包括化学实训的基本操作、溶液的配制和稀释，以及有关的实训内容。

（二）无机化学的教学任务

1. 培养学科核心素养　通过学习，掌握从事医学检验技术工作所必需的无机化学基础知识和基本技能，能够熟练进行化学实训基本操作；认识物质变化规律，养成发现、分析、解决问题的能力；培养精益求精的工匠精神、严谨求实的科学态度和勇于开拓的创新意识。

2. 为专业知识和技能学习打下扎实基础　学好无机化学，是为后续专业基础课和临床课的学习奠定基础。

3. 为今后的专业技术服务　医药卫生及检验专业的工作与化学学科有着密切的联系，在实际工作中经常会遇到化学问题，如药物及其代谢物的临床监测、人体体液等标本的检测、环境污染与疾病预防等。医务工作者只有具备了相应的化学知识和技能，才能做好本专业的工作。

四、无机化学的学习方法

无机化学基础涉及的内容多，知识面广。学生应尽快适应中职学校课程内容和教学规律，掌握学习的主动权。要学好本门课程，必须贯穿"预习—听课—理解—做习题—讨论—复习—总结"一条线原则，并通过阅读课外书籍，借助网络数字平台、图书馆、资料室等，扩大知识面，活跃思维，培养较强的自学能力和自律能力，提高发现问题、分析问题、解决问题的能力。

1. 课前预习　要学好无机化学基础，必须做好预习。在每一章课堂教学之前，通篇浏览本章内容，了解知识重点和难点。安排好学习计划，听课时有的放矢，提高学习效率。

2. 课堂听课　课堂听课十分关键，必须全神贯注。老师授课包含其教学经验、授课技巧；教学内容经过精心组织，突出重点，化解难点。听课时要专心听讲，积极思考，与老师进行教学互动。特别注意弄清基本概念，弄懂基本原理，积极回答老师的提问。对重点内容要做好笔记，以备复习巩固参考。

3. 课后复习　课后复习是消化和掌握所学知识的重要环节。坚持先复习再做习题的方法，做练习有利于深入理解、掌握和运用课程内容。重视解题方法和技巧，独立完成作业。培养独立思考和分析问题、解决问题的能力。

4. 重视实训　实训课是化学课程的重要部分，是理解和掌握课程内容、学习科学实训方法、培养动手能力的重要环节。要做到原理清楚、步骤明确。认真处理实训数据、分析实训现象和问题、得出正确结论、做好实训报告。

总之，要学好无机化学，必须要有责任和担当，下功夫，克服懒惰思想，处理好理解和记忆的关系。对一些概念、公式、原理、条件和方法等，要在理解的基础上记忆。学会运用分析对比、联系归纳等方法，善于观察与思考，善于从例题中体会解题的思路、方法和技巧，做到融会贯通，事半功倍。

章末小结

本章重点是无机化学基础的基本内容、教学任务以及它与医学的关系。通过介绍无机化学的基本内容和教学任务，使学生了解本课程的学习概要，明确学习任务，以便做好学习计划，科学安排学习时间，提高化学学科科学素养。通过化学与医学的关系介绍，使学生在思想上重视本门课程学习的重要性，为后继课程学习打下基础。

本章难点是无机化学的学习方法。通过无机化学学习方法的介绍，使学生尽快适应新的学习环境和学习方法，提高学习效率，完成学习任务。

通过对化学学科发展概略介绍，使学生了解化学发展历史，明确化学发展方向，让化学更好地为人类服务。

（王宙清）

? 思考与练习

一、填空题

1. 无机化学是研究物质的组成、_____、_____及其_____的一门自然科学。

2. 依据所研究的方法、目的和任务不同，化学分为_____、_____、_____和_____。

二、简答题

1. 中职医学检验技术专业学生怎样做才能学好无机化学课程？

2. 通过网络数字资源查找了解"侯氏制碱法"有关内容，由此谈谈国家科技强国战略的重大意义。

三、初中化学知识测试

1. 写出下列物质的化学式或者名称

氢气　　钠离子　　二氧化碳　　SO_2　　碳酸钙　　$NaHCO_3$　　硫酸根离子　氢氧化钠　　盐酸　　食盐

2. 标出下列物质中各元素的化合价

HNO_3　　　$NaHCO_3$　　　$BaSO_4$　　　$AlCl_3$　　　H_2　　　Ca　　　$NaOH$　　　CO_2　I_2　　O_2

3. 写出下列化学反应方程式

（1）盐酸与氢氧化钠　　　（2）氯化钠与硝酸银

第二章 | 溶 液

02章 数字资源

学习目标

1. 掌握　分散系概念及类型；物质的量及其单位；有关物质的量的计算；溶液浓度的表示方法；溶液的配制和稀释；渗透压与溶液浓度的关系。
2. 熟悉　胶体溶液；摩尔质量；溶液浓度的换算；渗透现象和渗透压。
3. 了解　高分子溶液；渗透压在医学上的应用。

　　溶液是一种常见的分散系，在日常生活、工农业生产及医药卫生中有着极其重要的意义。人体中各种营养物质的消化、吸收、代谢、运输、转化都是在溶液中进行的。临床上药物的配制、使用、分析、检验与溶液的配制、溶液浓度的计算、溶液的渗透压等知识密切相关。因此，医学及相关专业的学生必须学习与溶液相关的知识。

第一节　分　散　系

观察与思考

医生治疗疾病时常用到注射剂、气雾剂、软膏剂等不同剂型的药品。

请思考：

1. 注射剂、气雾剂、软膏剂分别属于哪种分散系？
2. 它们之间本质区别在哪里？

一、分散系概念及类型

（一）分散系的概念

一种或者几种物质分散在另一种物质中所形成的体系，称为分散系。其中，被分散的物质称为分散质（分散相），容纳分散质的物质称为分散剂（分散介质）。例如，氯化钠溶液就是氯化钠被分散到水中形成的分散系，其中氯化钠是分散质，水是分散剂。

（二）分散系的类型

根据分散质粒子直径大小不同，将分散系分为三种类型：分子或离子分散系（真溶液或溶液）、胶体分散系和粗分散系。分散系的分类详见表2-1。

表2-1　分散系的分类

粒子直径	分散系类型	分散质粒子	特点	实例
<1nm	分子或离子分散系	分子或离子	均匀、透明、稳定	生理盐水
1~100nm	胶体分散系	胶体溶液 / 胶粒	透明度不一、不均匀、相对稳定	氢氧化铁溶胶
	高分子溶液	单个高分子	均匀、透明、稳定	蛋白质溶液
>100nm	粗分散系	乳浊液 / 液体小液滴	不均匀、不透明、不稳定	松节油搽剂
	悬浊液	固体小颗粒	不均匀、不透明、不稳定	泥浆

课堂问答

下列物质不属于分散系的是（　　），属于溶液的是（　　），属于胶体分散系的是（　　），属于粗分散系的是（　　）。
A. 水　　B. 淀粉溶液　　C. 氯化钠溶液　　D. 泥浆　　E. 牛奶

二、胶体溶液

胶体溶液简称溶胶，种类很多，根据分散剂的不同分为三类：气溶胶、液溶胶、固溶胶。分散剂是气体的称气溶胶，如空气、烟、雾等；分散剂为液体的称液溶胶，如硅酸溶胶、氢氧化铁溶胶等；分散剂是固体的称固溶胶，如泡沫塑料、珍珠、有色玻璃等。在这里我们主要讨论液溶胶。

（一）溶胶的基本性质

溶胶是胶粒（由许多分子、原子、离子构成的聚集体）分散在介质中形成的热力学不稳定体系，具有一些特殊的性质。

 观察与思考

取三个小烧杯，分别加入 $CuSO_4$ 溶液、$Fe(OH)_3$ 溶胶、泥浆各 30ml，将 3 个小烧杯放置于暗处，分别用一束强光照射烧杯中的液体，在与光束垂直方向观察，会发现光通过 $Fe(OH)_3$ 溶胶时，能看到一条明亮的光路，而 $CuSO_4$ 溶液和泥浆中却没有此现象。

请思考：
发生该现象的原因是什么？

1. 丁铎尔现象　在暗室中用一束强光照射溶胶，在与光束垂直方向观察，可以看到溶胶中有一束发亮的光柱，这种现象称丁铎尔现象，如图 2-1 所示。

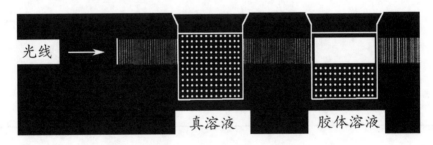

图 2-1　丁铎尔现象

丁铎尔现象的产生与胶粒大小及可见光波长有关。在溶胶中，可见光（400~760nm）照射到胶粒（1~100nm）上时，胶粒主要对光起到散射作用，每个胶粒相当于一个发光点，无数个发光点聚集就形成了一束明亮的光柱，产生了丁铎尔现象。散射出来的光称为散射光，也称乳光。对于粗分散系，由于分散相粒子直径远大于可见光波长，粒子对光主要起反射作用，光无法透过体系而呈浑浊；真溶液由于分散相粒子直径远小于可见光波长，散射作用十分微弱，光线大部分可通过而不受阻，发生透射作用，此时体系表现出澄清、透明。因此，利用丁铎尔现象可以区别真溶液、胶体溶液和粗分散系。

2. 布朗运动　胶粒不断地做无规则运动，这种运动称为布朗运动。布朗运动的发生主要是胶粒受到分散介质分子无规则地从各个方向撞击的合力未能被完全抵消而引起的。胶粒越小，温度越高，布朗运动越明显。布朗运动是溶胶稳定的一个因素。

3. 电泳现象

观察与思考

如图 2-2，在 U 形管中加入红棕色 $Fe(OH)_3$ 溶胶，然后在溶胶液面上小心加入无色 NaCl 溶液（主要起导电作用），使溶胶与 NaCl 溶液保持清晰界面，并使溶胶液面在同一水平高度。在 NaCl 溶液中插入两个电极，接通直流电。

请思考：

1. 一段时间后，会发生什么现象？

2. 发生该现象的原因是什么？

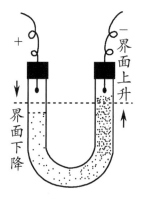

图 2-2　电泳现象

一段时间后，阴极附近颜色逐渐加深，液面上升，而阳极附近颜色逐渐变浅，液面下降。实验结果表明，$Fe(OH)_3$ 胶粒在电场中向阴极移动。这种胶粒在外电场作用下，在分散介质中定向移动的现象称为电泳。

胶粒能发生电泳，说明它们带有电荷。根据胶粒电泳时的移动方向，可以确定胶粒所带电荷的种类。向阴极移动的胶粒带正电荷，胶粒带正电荷的胶体溶液称正溶胶，如 $Fe(OH)_3$ 溶胶；向阳极移动的胶粒带负电荷，胶粒带负电荷的胶体溶液称负溶胶，如 As_2S_3 溶胶。

电泳技术在蛋白质、氨基酸和核酸等物质的分离和鉴定方面有广泛的应用。例如，在临床生化检验中，应用电泳法分离血清中各种蛋白质，为疾病的诊断提供依据。

（二）溶胶的稳定性和聚沉

1. 溶胶的稳定性　溶胶具有相对稳定性，主要原因是胶粒带电和水化膜作用。

（1）胶粒带电：同一种溶胶的胶粒带同种电荷，相互排斥，阻止了胶粒相互聚集。

（2）水化膜作用：吸附在胶粒表面的离子对水分子具有吸附作用，在胶粒表面形成一层水化膜，阻止了胶粒相互聚集。

2. 溶胶的聚沉　如果消除或减弱溶胶的稳定性因素，胶粒就会相互聚集成较大颗粒而沉淀，称为聚沉。促使溶胶聚沉的主要方法有：

（1）加入少量电解质：与胶粒带相反电荷的电解质的离子，能中和胶粒所带的电荷，胶粒的水化膜也随之变弱或消失,从而使溶胶聚沉。

（2）加入带相反电荷的溶胶:两种带相反电荷的溶胶相互吸引,使胶粒所带电荷被中和而发生聚沉。如明矾水解产生 $Al(OH)_3$ 正溶胶,与水中带负电荷的悬浮物相互吸引聚沉,因此明矾可作为净水剂。

（3）加热:加热能使胶粒的运动速度加快,胶粒碰撞机会增多;同时加热降低了胶粒对离子的吸附作用,减少了胶粒所带的电荷,破坏了胶粒的水化膜,使胶粒更易相互碰撞而发生聚沉。例如,加热硫化砷溶胶至沸腾,可析出黄色的硫化砷沉淀。

三、高分子溶液

高分子化合物是由几千甚至几万个原子组成的相对分子量在 1 万以上的大分子化合物。蛋白质、核酸、糖原等都是高分子。高分子溶液是指高分子化合物溶解在适当的溶剂中所形成的溶液。高分子溶液本质是真溶液,其分散质粒子是单个分子;从粒子直径大小来看,高分子溶液又属胶体分散系,具有溶胶的某些性质,如布朗运动、不能透过半透膜等。

1. 高分子溶液的特性

（1）稳定性大:因为高分子化合物具有许多亲水基团,具有很强的亲水作用,其水化膜比溶胶的胶粒水化膜更厚、更紧密,因而比溶胶更稳定。

（2）黏度大:高分子溶液的黏度比溶液或溶胶大。

2. 高分子溶液对溶胶的保护作用　在溶胶中加入一定量的高分子溶液,能显著地增强溶胶的稳定性,当溶胶受到外部因素的影响时,不易发生聚沉,这种现象叫作高分子化合物对溶胶的保护作用。高分子化合物对溶胶的保护作用是由于高分子化合物很容易吸附在胶粒的表面包住胶粒,在胶粒表面形成一层高分子化合物保护膜,由于高分子化合物本身很稳定,有很厚的水化膜,从而增加了溶胶的稳定性。

（1）高分子溶液在人体生理过程的重要意义:血液中存在的微溶性的无机盐(如碳酸钙、磷酸钙等)之所以不会沉淀,就是因为这些难溶性盐在血液中以溶胶形式存在,并且被血液中的蛋白质等高分子化合物保护着。若发生某些疾病使血液中蛋白质减少,就削弱了蛋白质对这些盐类溶胶的保护作用,微溶性盐类溶胶就可能发生聚沉,沉积在肾、胆囊及其他器官中形成结石。

（2）高分子溶液在医药中有重要意义:医学影像中用于胃肠道造影的硫酸钡合剂,必须在硫酸钡溶胶中加入适量的高分子化合物阿拉伯树胶起保护作用。当病人服用后,硫酸钡胶浆就能均匀地黏着在胃肠壁上形成薄膜,有利于造影检查。

医用防腐剂胶体银（蛋白银）和一些乳剂等都加有蛋白质或阿拉伯树胶、琼脂等可溶性高分子化合物，目的就在于利用这些高分子化合物对溶胶的保护作用，以提高这些药物的稳定性。

 知识拓展

凝　　胶

凝胶是高分子化合物和某些胶体溶液在一定条件下，黏度增大到一定程度时整个体系形成一种不能流动的弹性固体，又称冻胶。例如，鱼汤和肉汤放置一定时间所形成的鱼冻和肉冻就是凝胶。

凝胶可分为弹性凝胶和脆性凝胶。有些凝胶经烘干后体积缩小，但仍保持弹性的称为弹性凝胶，如动物体内的肌肉、软骨、皮肤等。另一些凝胶烘干后体积变化不大，但失去弹性并易研碎，称为脆性凝胶，如硅胶等。

干燥的弹性凝胶能吸收适当的液体而膨胀，这个过程称为膨润。膨润分为有限膨润（膨润只能达到一定程度）和无限膨润（无限吸收溶剂，最后形成溶液）。例如，木材在水中的膨润是有限膨润，阿拉伯树胶在水中的膨润是无限膨润。

在生理过程中，膨润起着重要作用。有机体愈年轻，膨润能力愈强，随着有机体逐渐衰老，膨润能力也逐渐减弱，皮肤出现的皱纹就是膨润能力减弱的表现，血管硬化也是由于构成血管壁的凝胶失去膨润能力。

第二节　物　质　的　量

物质是由分子、原子等微观粒子构成的，而这些微观粒子是肉眼看不见且难以称量的。这就需要一个物理量把微观粒子数目与宏观可称量的物质质量联系起来，这个物理量就是物质的量。

一、物质的量及其单位

（一）物质的量

物质的量是表示构成物质微观粒子数目多少的物理量。它是国际单位制（SI）7 个基本物理量之一，用符号 n 表示。

某物质 B 的物质的量可以表示为 n_B 或 $n(B)$，例如：

B 的物质的量记为 n_B 或 $n(B)$

氧原子的物质的量记为 n_O 或 $n(O)$

氧分子的物质的量记为 n_{O_2} 或 $n(O_2)$

镁离子的物质的量记为 $n_{Mg^{2+}}$ 或 $n(Mg^{2+})$

需要注意的是,物质的量是一个专有名词,与长度、质量、时间等一样,使用时不能分开。

（二）物质的量的单位

1971 年第 14 届国际计量大会（CGMP）规定：物质的量的单位是摩尔,简称摩,用符号 mol 表示。

1mol 物质含多少个微粒呢？科学上以 $12g$ ^{12}C 所含碳原子数作为标准,即 $12g$ ^{12}C 所含碳原子数为 1mol。经实验测得 $12g$ ^{12}C 中含有 6.02×10^{23} 个碳原子,这个数值称为阿伏伽德罗常数,用符号 N_A 表示,$N_A = 6.02 \times 10^{23}/mol$。

由 6.02×10^{23} 个粒子所构成的物质的量即为 1mol。例如：

1mol C 有 6.02×10^{23} 个 C 原子；

1mol S 有 6.02×10^{23} 个 S 原子；

1mol CO_2 有 6.02×10^{23} 个 CO_2 分子；

1mol H_2O 有 6.02×10^{23} 个 H_2O 分子；

1mol H^+ 有 6.02×10^{23} 个 H^+；

1mol OH^- 含有 6.02×10^{23} 个 OH^-；

1mol H_2SO_4 含有 6.02×10^{23} 个 H_2SO_4 分子。

1mol 的任何物质都包含 6.02×10^{23} 个粒子。物质的量相等的任何物质,它们所含的粒子数一定相同。物质的量（n_B）与物质的粒子数（N_B）之间的关系如下：

$$n_B = \frac{N_B}{N_A}$$

由上式可知,n_B 与 N_B 成正比,若要比较几种物质所含粒子数目的多少,只需比较它们的物质的量的多少即可。

在医学中物质的量的单位常用毫摩尔（mmol）、微摩尔（μmol）等作辅助单位。

$$1mol = 10^3 mmol = 10^6 μmol$$

 课堂问答

1. 2mol H_2O 中有多少个 H_2O 分子？有多少个 H 原子？多少个 O 原子？

2. 下列物质中,含分子数最多的是？

　A. 2mol CO_2　　B. 1.5mol H_2　　C. 3mol O_2　　D. 2mol N_2

二、摩 尔 质 量

摩尔质量就是 1mol 物质的质量,用符号 M 表示。摩尔质量的 SI 单位为 kg/mol。在化学和医学上,摩尔质量的单位常用 g/mol 表示。物质 B 的摩尔质量表示为 M_B 或 $M(B)$,其数学表达式为:

$$M_B = \frac{m_B}{n_B} \quad 或 \quad M(B) = \frac{m(B)}{n(B)}$$

1. 原子的摩尔质量　原子的摩尔质量若以 g/mol 为单位,数值上等于该原子的相对原子质量。例如:

H 的相对原子质量是 1,则 M_H=1g/mol;

S 的相对原子质量是 32,则 M_S=32g/mol;

O 的相对原子质量是 16,则 M_O=16g/mol。

2. 分子的摩尔质量　分子的摩尔质量若以 g/mol 为单位,数值上等于该分子的相对分子质量。例如:

H_2O 的相对分子质量是 18,则 M_{H_2O}=18g/mol;

CO_2 的相对分子质量是 44,则 M_{CO_2}=44g/mol;

$C_6H_{12}O_6$ 的相对分子质量是 180,则 $M_{C_6H_{12}O_6}$=180g/mol。

3. 离子的摩尔质量　离子的摩尔质量若以 g/mol 为单位,数值上等于该离子的化学式量。例如:

H^+ 的相对原子质量是 1,则 M_{H^+}=1g/mol;

OH^- 相对原子质量之和是 17,则 M_{OH^-}=17g/mol;

SO_4^{2-} 的相对原子质量之和是 96,则 $M_{SO_4^{2-}}$=96g/mol。

总之,任何物质 B 的摩尔质量如果以 g/mol 为单位,其数值就等于该物质的化学式量。

三、有关物质的量计算

有关物质的量计算主要有以下几种类型:

1. 已知物质的质量,求物质的量。

例 2-1　22g CO_2 的物质的量是多少?

解:∵ M_{CO_2}=44g/mol,m_{CO_2}=22g

$$M_B = \frac{m_B}{n_B}$$

$$\therefore n_B = \frac{m_B}{M_B}$$

$$\therefore n_{CO_2} = \frac{m_{CO_2}}{M_{CO_2}} = \frac{22g}{44g/mol} = 0.5mol$$

答：22g 二氧化碳的物质的量是 0.5mol。

例 2-2　36g H_2O 中含有 H 和 O 的物质的量各是多少？

解：$\because M_{H_2O} = 18g/mol$　$m_{H_2O} = 36g$

$$M_B = \frac{m_B}{n_B}$$

$$\therefore n_B = \frac{m_B}{M_B}$$

$$\therefore n_{H_2O} = \frac{m_{H_2O}}{M_{H_2O}} = \frac{36g}{18g/mol} = 2mol$$

又 $\because$ 1mol H_2O 中含有 2mol 的 H 原子和 1mol 的氧原子，

$\quad\therefore$ 2mol H_2O 中含有 4mol 的 H 原子和 2mol 的氧原子。

答：H 原子的物质的量为 4mol，O 原子的物质的量是 2mol。

例 2-3　完全中和 40gNaOH 需要 H_2SO_4 的物质的量为多少？

解：$\because M_{NaOH} = 40g/mol$　$m_{NaOH} = 40g$

$$n_B = \frac{m_B}{M_B}$$

$$\therefore n_{NaOH} = \frac{m_{NaOH}}{M_{NaOH}} = \frac{40g}{40g/mol} = 1mol$$

设完全中和 40g NaOH 需要 H_2SO_4 的物质的量为 x mol。

$$2NaOH + H_2SO_4 = Na_2SO_4 + 2H_2O$$

$\quad$ 2mol　　1mol

$\quad$ 1mol　　x mol

$$x = \frac{1mol \times 1mol}{2mol} = 0.5mol$$

答：完全中和 40gNaOH 需要 H_2SO_4 的物质的量为 0.5mol。

2. 已知物质的量，求物质的质量

例 2-4　1.5mol NaOH 的质量是多少？

解：$\because n_{NaOH} = 1.5mol$　$M_{NaOH} = 40g/mol$

$$n_B = \frac{m_B}{M_B}$$

$$\therefore m_B = n_B M_B$$

$$\therefore m_{NaOH} = n_{NaOH} M_{NaOH} = 1.5mol \times 40g/mol = 60g$$

答：1.5mol NaOH 的质量是 60g。

3. 已知物质的质量，求物质的粒子数

例 2-5　49g 硫酸里含有多少个硫酸分子？

解：$\because M_{H_2SO_4}=98g/mol \quad m_{H_2SO_4}=49g$

$$n_B = \frac{m_B}{M_B}$$

$$n_{H_2SO_4} = \frac{m_{H_2SO_4}}{M_{H_2SO_4}} = \frac{49g}{98g/mol} = 0.5mol$$

$$\therefore N_{H_2SO_4} = n_{H_2SO_4} N_A = 0.5mol \times 6.02 \times 10^{23}/mol = 3.01 \times 10^{23}$$

答：49g 硫酸里含有 3.01×10^{23} 个硫酸分子。

4. 物质的量在化学方程式计算中的应用　化学方程式中各物质的化学计量数之比，等于各物质的物质的量之比。

例 2-6　制取 1.5mol O_2，需要分解 $KClO_3$ 多少克?

解：$\because n_{O_2}=1.5mol \quad M_{KClO_3}=122.5g/mol$
设需要分解 $KClO_3$ 的物质的量为 x mol

$$2KClO_3 =\!=\!= 2KCl+3O_2\uparrow$$

$$2mol \qquad\qquad\qquad 3mol$$

$$x \text{ mol} \qquad\qquad\qquad 1.5mol$$

$$2:3=x:1.5$$

$$x=1mol$$

$$\therefore m_{KClO_3} = n_{KClO_3} M_{KClO_3} = 1mol \times 122.5g/mol = 122.5g$$

答：制取 1.5mol O_2，需要分解 122.5g $KClO_3$。

课堂问答

1mol 的下列物质中，质量最大的是

A. CO_2 B. H_2 C. O_2 D. N_2

知识拓展

气体摩尔体积

摩尔体积就是指 1 摩尔某物质在一定条件下所具备的体积。摩尔体积符号为 V_m，SI 单位是 m^3/mol，在化学上用 L/mol。计算公式为：

$$V_m = \frac{v}{n}$$

对于固态和液态物质来说,1mol 各种物质的体积是不相同的。由于构成它们的微粒间的距离是很小的,所以它们的体积大小主要取决于这些微粒本身的大小,而构成不同物质的原子、分子或离子的大小是不同的,因此各种固态或液态物质之间的摩尔体积差异很大。

气体体积大小主要决定于分子间的平均距离。因此,气体体积大小与所处条件(温度和压强)密切相关。在相同条件下,物质的量相同的任何气体,它们所占有的体积几乎相同。

在标准状况[273.15K(0℃),101.325kPa]下,1mol 任何气体所占的体积都约为22.4L,称为气体摩尔体积。符号为 $V_{m,0}$,即:$V_{m,0}$=22.4L/mol。在标准状况下:

$$n = \frac{V}{V_{m,0}} = \frac{V}{22.4 \text{L/mol}}$$

在同温同压下,相同体积的任何气体都含有相同数目的分子,这就是阿伏伽德罗定律。

第三节　溶液的浓度

一、溶液浓度的表示方法

一定量的溶液或溶剂中所含溶质的量,叫作溶液的浓度,可以用下式表示:

$$溶液浓度 = \frac{溶质的量}{溶液(或溶剂)的量}$$

医学上常用的溶液的浓度有以下几种:

(一)物质的量浓度

单位体积的溶液中所含溶质 B 的物质的量,称为物质的量浓度,用符号 c_B 或 $c(B)$ 表示。表达式为:

$$c_B = \frac{n_B}{V}$$

如果已知溶质的质量,则

$$c_B = \frac{m_B}{M_B V}$$

在化学和医学上物质的量浓度的单位为 mol/L、mmol/L、μmol/L 等。

$$1\text{mol/L} = 10^3 \text{mmol/L} = 10^6 \mu\text{mol/L}$$

物质的量浓度有关计算:

1. 已知溶质物质的量和溶液体积,求物质的量浓度。

例 2-7　某 H_2SO_4 溶液 500ml 中含 0.2mol 的 H_2SO_4，试问该 H_2SO_4 溶液的物质的量浓度为多少？

解：$\because n_{H_2SO_4}$=0.2mol　　V=500ml=0.5L

$$c_B = \frac{n_B}{V}$$

$$\therefore c_{H_2SO_4} = \frac{n_{H_2SO_4}}{V} = \frac{0.2mol}{0.5L} = 0.4mol/L$$

答：该 H_2SO_4 溶液的物质的量浓度为 0.4mol/L。

2. 已知溶质的质量和溶液的体积，求物质的量浓度。

例 2-8　正常人血浆每 100ml 含 Ca^{2+} 10mg，试问血浆中 Ca^{2+} 的物质的量浓度为多少？

解：$\because M_{Ca^{2+}}$=40g/mol　　$m_{Ca^{2+}}$=10mg=1×10^{-2}g　　V=100ml=0.1L

$$c_B = \frac{m_B}{M_B V}$$

$$\therefore c_{Ca^{2+}} = \frac{m_{Ca^{2+}}}{M_{Ca^{2+}} V} = \frac{1 \times 10^{-2}g}{40g/mol \times 0.1L} = 2.5 \times 10^{-3}mol/L = 2.5mmol/L$$

答：血浆中 Ca^{2+} 的物质的量浓度为 2.5mmol/L。

3. 已知物质的量浓度和溶液的体积，求溶质质量。

例 2-9　临床使用的 $NaHCO_3$ 溶液其物质的量浓度为 0.149mol/L，问要配制该浓度的 $NaHCO_3$ 溶液 1 000ml，需用多少克 $NaHCO_3$？

解：$\because c_{NaHCO_3}$=0.149mol/L　　M_{NaHCO_3}=84g/mol　　V=1 000ml=1L

根据公式 $c_B = \frac{n_B}{V}$

$$\therefore n_{NaHCO_3} = c_{NaHCO_3} \times V = 0.149mol/L \times 1L = 0.149mol$$

又 $\because M_B = \frac{m_B}{n_B}$

$$\therefore m_{NaHCO_3} = n_{NaHCO_3} \times M_{NaHCO_3} = 0.149mol \times 84g/mol = 12.5g$$

答：配制浓度为 0.149mol/L 的 $NaHCO_3$ 溶液 1 000ml 需用 12.5g $NaHCO_3$。

4. 已知溶质质量和溶液物质的量浓度，求溶液的体积。

例 2-10　用 90g 葡萄糖（$C_6H_{12}O_6$）能配制 0.28mol/L 的葡萄糖静脉注射液多少毫升？

解：$\because c_{C_6H_{12}O_6}$=0.28mol/L　　$m_{C_6H_{12}O_6}$=90g　　$M_{C_6H_{12}O_6}$=180g/mol

由 $c_B = \frac{m_B}{M_B V}$ 得　$V = \frac{m_B}{c_B M_B}$

$$\therefore V = \frac{m_{C_6H_{12}O_6}}{c_{C_6H_{12}O_6}M_{C_6H_{12}O_6}} = \frac{90g}{0.28mol/L \times 180g/mol} = 1.8L = 1\,800ml$$

答：用 90g 葡萄糖能配制 0.28mol/L 的葡萄糖静脉注射液 1 800ml。

 课堂问答

配制 0.125mol/L 的 $NaHCO_3$ 溶液 500ml，需要称取 $NaHCO_3$ 固体多少克？

（二）质量浓度

单位体积的溶液中所含溶质 B 的质量，称为质量浓度，用符号 ρ_B 或 $\rho(B)$ 表示。表达式为：

$$\rho_B = \frac{m_B}{V}$$

在化学和医学上质量浓度的单位为 g/L、mg/L、μg/L 等。

$$1g/L = 10^3 mg/L = 10^6 \mu g/L$$

由于密度的符号为 ρ，所以在这里要注意质量浓度 ρ_B 与密度 ρ 的区别。

例 2-11　0.5L 生理盐水含 NaCl 4.5g，问生理盐水的质量浓度是多少？若给某病人输入 1.5L 生理盐水，则进入体内的 NaCl 是多少克？

解：$\because m_{NaCl} = 4.5g$　$V = 0.5L$

$$\rho_B = \frac{m_B}{V}$$

$$\therefore \rho_{NaCl} = \frac{m_{NaCl}}{V} = \frac{4.5g}{0.5L} = 9g/L$$

$$\because \rho_{NaCl} = 9g/L,\ V = 1.5L$$

$$\therefore m_{NaCl} = \rho_{NaCl}V = 9g/L \times 1.5L = 13.5g$$

答：生理盐水的质量浓度是 9g/L。给某病人输入 1.5L 生理盐水，则进入体内的 NaCl 是 13.5g。

 课堂问答

生理盐水的规格是 100ml 的生理盐水中含有 0.9g NaCl，问生理盐水的质量浓度是多少？某病人需要静脉滴注生理盐水 800ml，问有多少克 NaCl 进入了体内？

（三）质量分数

溶质 B 的质量除以溶液的质量，称为质量分数，用符号 ω_B 或 $\omega(B)$ 表示，其表达式为：

$$\omega_B = \frac{m_B}{m}$$

m_B 和 m 的单位必须相同。质量分数可以用小数表示，也可以用百分数表示。

例2-12　将20g NaCl溶于水中配成溶液500g，计算此溶液中NaCl的质量分数。

解：∵ $m_{NaCl}=20g$　$m=500g$

$$\omega_B = \frac{m_B}{m}$$

$$\therefore \omega_{NaCl} = \frac{m_{NaCl}}{m} = \frac{20g}{500g} = 0.04$$

答：此溶液中NaCl的质量分数是0.04。

例2-13　500ml质量分数为0.36的浓盐酸，含HCl多少克？（$\rho=1.18kg/L$）

解：∵ $\omega_{HCl}=0.36$　$V=500ml=0.5L$　$\rho=1.18kg/L=1\,180g/L$

$$\therefore m=\rho V=1\,180g/L \times 0.5L=590g$$

$$\because \omega_B = \frac{m_B}{m}$$

$$\therefore m_{HCl}=\omega_{HCl}m=0.36 \times 590g=212g$$

答：500ml质量分数为0.36的浓盐酸溶液含212g HCl。

（四）体积分数

同温同压下溶质B的体积除以溶液的体积，称为体积分数，用符号 φ_B 或 $\varphi(B)$ 表示，表达式为：

$$\varphi_B = \frac{V_B}{V}$$

V_B 和 V 的单位必须相同。体积分数可以直接用小数表示，也可以用百分数表示。

例2-14　药用酒精的体积分数为0.95，问500ml药用酒精含纯酒精多少毫升？

解：∵ $\varphi_B=0.95$　$V=500ml$

$$\varphi_B = \frac{V_B}{V}$$

$$\therefore V_{酒精}=\varphi_{酒精}V=0.95 \times 500ml=475ml$$

答：500ml药用酒精含纯酒精475ml。

二、溶液浓度的换算

根据实际工作的需要，可选择不同的表示方法来表示同一种溶液的组成，在具体工作中常常涉及浓度的换算问题，主要有以下两类型：

（一）物质的量浓度与质量浓度之间的换算

根据物质的量浓度表示式 $c_B = \dfrac{n_B}{V} = \dfrac{m_B}{M_B V}$ 和质量浓度表示式 $\rho_B = \dfrac{m_B}{V}$，可以导出：

$$\rho_B = c_B M_B \quad 或 \quad c_B = \dfrac{\rho_B}{M_B}$$

例 2-15　生理盐水是 9g/L 的 NaCl 溶液，则生理盐水的物质的量浓度是多少？

解：$\because \rho_{NaCl} = 9g/L \quad M_{NaCl} = 58.5g/mol$

$$c_B = \dfrac{\rho_B}{M_B}$$

$$\therefore c_{NaCl} = \dfrac{\rho_{NaCl}}{M_{NaCl}} = \dfrac{9g/L}{58.5g/mol} = 0.154mol/L$$

答：9g/L 的 NaCl 溶液的物质的量浓度是 0.154mol/L。

例 2-16　治疗酸中毒时注射药物乳酸钠（$C_3H_5O_3Na$）制剂，其物质的量浓度是 1mol/L，其质量浓度是多少？

解：$\because c_{C_3H_5O_3Na} = 1mol/L \quad M_{C_3H_5O_3Na} = 112g/mol$

$$c_B = \dfrac{\rho_B}{M_B}$$

$$\therefore \rho_{C_3H_5O_3Na} = c_{C_3H_5O_3Na} M_{C_3H_5O_3Na} = 1mol/L \times 112g/mol = 112g/L$$

答：1mol/L 乳酸钠制剂的质量浓度是 112g/L。

（二）物质的量浓度与质量分数间的换算

根据物质的量浓度表示式 $c_B = \dfrac{n_B}{V} = \dfrac{m_B}{M_B V}$ 和质量分数表示式 $\omega_B = \dfrac{m_B}{m} = \dfrac{m_B}{\rho V}$，可以导出：

$$c_B = \dfrac{\omega_B \rho}{M_B} \quad 或 \quad \omega_B = \dfrac{c_B M_B}{\rho}$$

例 2-17　已知硫酸溶液的质量分数 $\omega_B = 0.98$，$\rho = 1.84kg/L$，求此硫酸溶液的物质的量浓度是多少？

解：$\because \omega_B = 0.98 \quad \rho = 1.84kg/L = 1\,840g/L \quad M_{H_2SO_4} = 98g/mol$

$$c_B = \dfrac{\omega_B \cdot \rho}{M_B}$$

$$\therefore c_{H_2SO_4} = \dfrac{\omega_{H_2SO_4} \cdot \rho}{M_{H_2SO_4}} = \dfrac{0.98 \times 1\,840g/L}{98g/mol} = 18.4mol/L$$

答：此硫酸溶液的物质的量浓度为 18.4mol/L。

例 2-18　已知密度为 1.08kg/L 的 2mol/L NaOH 溶液，求此溶液的质量分数是多少？

解：$\because c_{NaOH} = 2mol/L \quad \rho = 1.08kg/L = 1\,840g/L \quad M_{NaOH} = 40g/mol$

$$\omega_B = \frac{c_B \cdot M_B}{\rho}$$

$$\therefore \omega_{NaOH} = \frac{c_{NaOH} \cdot M_{NaOH}}{\rho} = \frac{2mol/L \times 40g/mol}{1\ 080g/L} = 0.074$$

答：此 NaOH 溶液的质量分数为 0.074。

三、溶液的配制和稀释

（一）溶液的配制

溶液配制的方法可以分为两种。一种是用一定质量的溶液中所含溶质的质量来表示溶液的浓度，如用质量分数表示溶液的浓度。这种溶液的配制是将定量的溶质和溶剂混合均匀即得。如配制 100g $\omega_B=0.1$ 的 NaCl 溶液是将 10g 干燥的 NaCl 和 90g H_2O 混合均匀即得。另一种是用一定体积的溶液中所含溶质的量来表示溶液的浓度，如用体积分数、质量浓度和物质的量浓度等来表示的溶液。由于溶质和溶剂混合后的体积往往比溶质和溶剂单独存在的体积之和增大或缩小。配制这些溶液时，是将一定量的溶质与适量的溶剂混合，使溶质完全溶解，然后再加溶剂到所需体积，最后用玻璃棒搅匀即可。

例 2-19　如何配制生理盐水 500ml？

解：（1）计算：所需溶质 NaCl 的质量。

$$\because \rho_{NaCl}=9g/L \quad V=500ml=0.5L$$

$$\rho_B = \frac{m_B}{V}$$

$$\therefore m_{NaCl}=\rho_{NaCl}V=9g/L \times 0.5L=4.5g$$

（2）称量：用托盘天平称取 4.5g NaCl 置于 100ml 烧杯中。

（3）溶解：用量筒量取 50ml 纯化水倒入烧杯中，搅拌至 NaCl 完全溶解。

（4）转移：用玻璃棒将烧杯中的 NaCl 溶液引流至 500ml 的量筒中，再用少量纯化水洗涤烧杯 2~3 次，并把洗涤液引流到量筒中。

（5）定容：向量筒中加纯化水，当溶液液面离 500ml 刻度线 1cm 左右时，改用胶头滴管滴加直至溶液的凹液面最低处与刻度线平视相切。

（6）混匀：用玻璃棒搅拌混匀即可。

（7）贴标签：将量筒中配好的溶液转移到洁净、干燥的试剂瓶中，贴好标签，保存备用。

（二）溶液的稀释

在浓溶液中加入溶剂，使溶液浓度变小的操作过程即溶液的稀释。

溶液稀释前后溶质的量保持不变。

稀释前溶质的量＝稀释后溶质的量

若稀释前溶液的浓度用 c_{B_1}、ρ_{B_1}、φ_{B_1} 表示，体积为 V_1；稀释后溶液的浓度用 c_{B_2}、ρ_{B_2}、φ_{B_2} 表示，体积为 V_2。

则稀释公式表示为：

$$c_{B_1}V_1 = c_{B_2}V_2$$
$$\rho_{B_1}V_1 = \rho_{B_2}V_2$$
$$\varphi_{B_1}V_1 = \varphi_{B_2}V_2$$

当溶液的浓度用质量分数 ω_B 表示，溶液的质量用 m 表示时，则稀释公式为：

$$\omega_{B_1}m_1 = \omega_{B_2}m_2$$

例 2-20　要配制体积分数为 0.75 的消毒酒精 500ml，问需要体积分数为 0.95 的药用酒精的体积是多少？

解：∵ $\varphi_{B_1}=0.95$　$\varphi_{B_2}=0.75$　$V_2=500\text{ml}$

$\varphi_{B_1}V_1 = \varphi_{B_2}V_2$

∴ $V_1 = \dfrac{\varphi_{B_2}V_2}{\varphi_{B_1}} = \dfrac{0.75 \times 500\text{ml}}{0.95} = 395\text{ml}$

答：需要体积分数为 0.95 的药用酒精 395ml。

第四节　溶液的渗透压

一、渗透现象及渗透压

如果在一杯清水中加入一滴红墨水，最后整杯清水都会变成红色，这种现象是由于溶质分子和溶剂分子相互扩散的结果。当两种浓度不同的溶液混合时也会发生扩散现象，最后形成浓度均匀的溶液。

自然界中存在一种特殊的扩散现象——渗透现象，渗透现象是通过半透膜进行的，在动植物的生命过程中起着非常重要的作用。

只允许某些物质透过而不允许另一些物质透过的多孔性薄膜称为半透膜，如动物的细胞膜、膀胱膜、肠衣、毛细血管壁及人工制得的火棉胶、玻璃纸等。

 观察与思考

如图 2-3 所示，把一个长颈漏斗用半透膜扎紧，安装固定在烧杯中。烧杯中装入水，漏斗内装入 500g/L 蔗糖溶液，使烧杯和长颈漏斗的液面相平。

请思考：

1. 放置一段时间后，会发生什么现象？

2. 产生该现象的原因是什么？

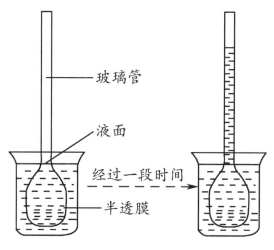

图 2-3 渗透现象

放置一段时间，糖水的液面逐渐上升，达到一定高度不再上升。液面上升是由于烧杯内的水分子透过半透膜进入到糖水中。这种溶剂分子透过半透膜由纯溶剂进入溶液（或由稀溶液进入浓溶液）的现象称为渗透现象，简称渗透。

产生渗透现象必须具备两个条件：一是半透膜存在；二是半透膜两侧溶液有浓度差。

当纯水和蔗糖溶液或稀溶液和浓溶液用半透膜隔开时，水分子可以自由通过半透膜，而蔗糖分子不能透过半透膜。由于半透膜两侧单位体积内水分子数不相等，纯水(或稀溶液)中的水分子数比溶液(或浓溶液)中的水分子数多。因此，在单位时间内，水分子从纯水(或稀溶液)进入蔗糖溶液(或浓溶液)的水分子数，必然大于从蔗糖溶液(或浓溶液)通过半透膜进入纯水(或稀溶液)的水分子数，造成溶液(或浓溶液)一方液面升高，并同时产生静水压。随着液面的上升，静水压逐渐增大，从而使得水分子从纯水(或稀溶液)进入蔗糖溶液(或浓溶液)渗透速率降低。当液面上升到一定的高度时，产生的静水压刚好能使水分子进出半透膜两侧的速率相等而达到动态平衡，称为渗透平衡。此时管内液柱所产生的压力即为该溶液的渗透压。这种恰能阻止渗透现象继续发生而达到渗透动态平衡、施加在溶液上方单位面积上的压力称为渗透压。渗透压的 SI 单位是 Pa（帕斯卡），医学上常用的渗透压单位是 kPa（千帕）。

二、渗透压与溶液浓度的关系

实验证明：稀溶液渗透压的大小与单位体积溶液中所含溶质粒子（分子或离子）的数

目及绝对温度成正比,而与溶质的本性无关,这个规律称为渗透压定律。

溶液中能产生渗透现象的各种溶质粒子(分子或离子)的总浓度叫作渗透浓度,常用mmol/L 表示。相同温度下,渗透浓度越大,渗透压越大;渗透浓度越小,渗透压就越小。如果比较两种溶液渗透压大小,只需比较两者的渗透浓度大小即可。因此常用溶液渗透浓度的高低来衡量溶液渗透压的大小。

对于非电解质溶液,溶质粒子是分子,故非电解质溶液的渗透浓度等于非电解质溶液的物质的量浓度。对于强电解质溶液,强电解质分子在溶液中全部解离成离子,所以强电解质溶液的渗透浓度就是电解质解离出的阴、阳离子的物质的量浓度的总和。不同电解质溶液,即使物质的量浓度相等,渗透压也未必相等。

例 2-21　相同温度下,比较浓度都为 0.1mol/L 的葡萄糖溶液、NaCl 溶液、$CaCl_2$ 溶液的渗透压大小。

解:NaCl、$CaCl_2$ 在水中的解离情况如下:

$$NaCl=Na^++Cl^-$$
$$CaCl_2=Ca^{2+}+2Cl^-$$

0.1mol/L 葡萄糖溶液渗透浓度是 100mmol/L

0.1mol/L 的 NaCl 溶液渗透浓度是 200mmol/L

0.1mol/L 的 $CaCl_2$ 溶液渗透浓度是 300mmol/L

所以 0.1mol/L 的 $CaCl_2$ 溶液渗透压最大,0.1mol/L 葡萄糖溶液渗透压最小。

三、渗透压在医学上的应用

(一) 等渗、低渗、高渗溶液

相同温度下,渗透压相等的两种溶液称为等渗溶液。渗透压不等的两种溶液,相对而言,渗透压低的溶液称为低渗溶液,渗透压高的溶液称为高渗溶液。

医学上等渗、低渗、高渗溶液是以人体血浆总渗透压作为比较标准。37℃时,正常人体血浆的渗透压为 720~800kPa,相当于血浆中能产生渗透作用的粒子的渗透浓度为280~320mmol/L 时所产生的渗透压。所以医学上规定凡渗透浓度在 280~320mmol/L 范围内的溶液为等渗溶液;渗透浓度低于 280mmol/L 的溶液为低渗溶液;渗透浓度高于320mmol/L 的溶液为高渗溶液。

临床上常用的等渗溶液有:

0.278mol/L(50g/L)葡萄糖溶液

0.154mol/L(9g/L)NaCl 溶液(生理盐水)

0.149mol/L(12.5g/L)$NaHCO_3$ 溶液

0.167mol/L(18.7g/L)乳酸钠($NaC_3H_5O_3$)溶液

临床上常用的高渗溶液有：

2.78mol/L（500g/L）葡萄糖溶液

0.56mol/L（100g/L）葡萄糖溶液

0.60mol/L（50g/L）NaHCO₃溶液

1.10mol/L（200g/L）甘露醇溶液

0.278mol/L 葡萄糖 - 氯化钠溶液（即生理盐水中含 0.278mol/L 葡萄糖，其中生理盐水维持渗透压，葡萄糖则供给热量和水）

输液是临床治疗中最常用的方法之一，输液必须遵循的基本原则是不因输入液体而影响血浆渗透压，所以大量输液时，必须使用等渗溶液。

 课堂问答

1. 医学上渗透浓度在（　　　　）范围内的溶液为等渗溶液；渗透浓度大于（　　　　）的溶液为高渗溶液，渗透浓度小于（　　　　）的溶液为低渗溶液。

2. 若静脉滴注 19g/L 的 NaCl 溶液，红细胞会

A．正常　　　　　　　　　B．溶血　　　　　　　　　C．皱缩

（二）晶体渗透压与胶体渗透压

人体血浆中由小分子（如葡萄糖）和小离子（Na^+、Cl^-、HCO_3^- 等）所产生的渗透压称为晶体渗透压，晶体渗透压对维持细胞内外水盐平衡起主要作用；由大分子的胶体物质（如蛋白质、核酸等）所产生的渗透压称为胶体渗透压，胶体渗透压对维持血容量和血管内外水盐平衡起主要作用。血浆总渗透压等于晶体渗透压和胶体渗透压之和。

如果某种原因造成血浆蛋白质减少，血浆胶体渗透压降低，血浆中的水就会过多地通过毛细血管壁进入组织间液，造成血容量降低而组织间液增多，这是形成水肿的原因之一。

下面讨论红细胞在等渗、低渗和高渗溶液中所产生的现象（图 2-4）。①输入大量低渗溶液，红细胞逐渐膨胀甚至破裂，医学上称这种现象为溶血。这是由于大量输入低渗溶液，使血浆渗透压降低，水分子通过细胞膜向红细胞内渗透所致。②输入大量高渗溶液，红细胞逐渐缩小，这种现象叫作胞质分离。这是由于大量输入高渗溶液，使血浆渗透压增大，红细胞内的水分子向外渗透所致。皱缩的红细胞易粘在一起形成团块，它能堵塞小血管而形成血栓。③输入等渗溶液，维持正常的血浆渗透压，使红细胞维持正常的形态和生理活性。

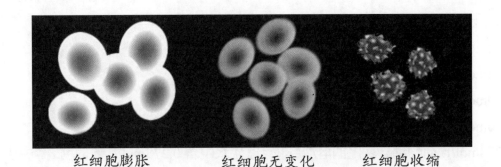

红细胞膨胀　　　红细胞无变化　　　红细胞收缩

图 2-4　细胞在不同浓度溶液中的形态

由于治疗需要临床上也经常使用高渗溶液。如对急需增加血液中葡萄糖的病人，若用等渗溶液，注射液体积太大，所需注射时间太长，反而不易达到效果。用高渗溶液进行静脉注射时，用量不能太大，注射速度要缓慢，否则易造成局部高渗引起红细胞皱缩。当适量的高渗溶液缓慢注入人体内时，可被大量体液稀释成等渗溶液。

 知识拓展

血 液 透 析

血液透析（HD）也叫血透，是急慢性肾功能衰竭病人肾脏替代治疗方式之一，该疗法主要利用半透膜原理，将病人血液与透析液同时引入透析器内，利用半透膜两侧溶质浓度差，清除代谢废物、维持电解质和酸碱平衡，同时清除体内过多的水分，并将经过净化的血液回输。

章末小结

　　本章重点是掌握物质的量的概念以及几种常用溶液浓度的表示方法，难点是灵活运用公式进行正确的计算。

一、分散系

分散系由分散质及分散剂组成，根据分散质粒子大小分为三类：分子或离子分散系（真溶液或溶液）、胶体分散系和粗分散系。

溶胶（胶体溶液）是胶体分散系的一种，具有丁铎尔现象、电泳现象和布朗运动，相对稳定。

二、物质的量

知识点	知识内容
物质的量	符号：n_B 或 $n(B)$ 单位：摩尔，符号 mol

知识点	知识内容
摩尔质量	符号：M_B 或 $M(B)$ 单位：kg/mol，g/mol 以 g/mol 作为单位，摩尔质量数值上就等于该种物质的相对原子质量或相对化学式量
阿伏伽德罗常数	符号：N_A $N_A = 6.02 \times 10^{23}$/mol
物质的量的计算	$n_B = \dfrac{N_B}{N_A}$，$n_B = \dfrac{m_B}{M_B}$

三、溶液浓度

（一）溶液浓度的表示方法

溶液浓度	物质的量的浓度	质量浓度	质量分数	体积分数
概念	溶质 B 的物质的量除以溶液的体积	溶质 B 的质量除以溶液的体积	溶质 B 的质量除以溶液的质量	溶质 B 的体积除以溶液的体积
符号	c_B 或 $c(B)$	ρ_B 或 $\rho(B)$	ω_B 或 $\omega(B)$	φ_B 或 $\varphi(B)$
表达式	$c_B = \dfrac{n_B}{V}$	$\rho_B = \dfrac{m_B}{V}$	$\omega_B = \dfrac{m_B}{m}$	$\varphi_B = \dfrac{V_B}{V}$
常用单位	mol/L	g/L		

（二）溶液浓度的换算和稀释

知识点	知识内容
质量浓度与物质的量浓度间的换算	$c_B = \dfrac{\rho_B}{M_B}$ 或 $\rho_B = c_B M_B$
质量分数与物质的量浓度间的换算	$c_B = \dfrac{\omega_B \cdot \rho}{M_B}$ 或 $\omega_B = \dfrac{c_B \cdot M_B}{\rho}$
稀释公式	$c_{B_1} V_1 = c_{B_2} V_2$，$\rho_{B_1} V_1 = \rho_{B_2} V_2$ $\varphi_{B_1} V_1 = \varphi_{B_2} V_2$，$\omega_{B_1} m_1 = \omega_{B_2} m_2$

四、溶液的渗透压

知识点	知识内容
渗透现象	溶剂分子通过半透膜由纯溶剂进入溶液(或由稀溶液进入浓溶液)的现象,称为渗透现象,简称渗透
产生渗透现象的条件	一是有半透膜存在;二是半透膜两侧溶液存在浓度差
渗透压与溶液浓度的关系	稀溶液渗透压的大小与单位体积溶液中所含溶质粒子(分子或离子)的数目及绝对温度成正比
渗透压在医学上的应用	临床上规定凡渗透浓度在 280~320mmol/L 范围内的溶液称为等渗溶液;渗透浓度低于 280mmol/L 的溶液称为低渗溶液;渗透浓度高于 320mmol/L 的溶液称为高渗溶液。

（冯　姣）

思考与练习

一、填空题

1. 溶胶具有稳定性的主要原因是_____和_____。

2. 0.6mol/L 葡萄糖溶液和_____mol/L 的 NaCl 溶液渗透压相等。

3. HNO_3 摩尔质量 $M(HNO_3)$ 为_____,2mol 的 HNO_3 质量 $m(HNO_3)$ 为_____。

4. 晶体渗透压是由_____产生的渗透压,其主要生理功能为_____;胶体渗透压是由_____产生的渗透压,其主要功能为_____。

5. 44 克 CO_2 中分子数 $N(CO_2)$ 为_____,氧原子个数 $N(O)$ 为_____。

6. 用高渗溶液进行静脉注射时,用量不能太_____,注射速度要_____。

7. 每 100ml 血清中含 Ca^{2+} 10mg,其渗透浓度是_____。

8. 将红细胞放入某氯化钠溶液中出现破裂,该溶液为_____溶液。

9. 2mol/L 的 $CaCl_2$ 溶液 1L 中含有_____mol Ca^{2+},_____mol Cl^-。

10. 稀溶液渗透压大小与单位体积溶液中所含_____及_____成正比,而与_____无关。

二、简答题

1. 人在淡水中游泳,眼睛会发红、肿胀并有疼痛的感觉,而在海水中游泳眼睛又会感到干涩,为什么?

2. 比较 0.1mol/L 蔗糖溶液、0.1mol/L CaCl$_2$ 溶液渗透压的大小。

3. 产生渗透现象的条件是什么？

三、计算题

1. 某病人需要补充 0.04mol 的 K$^+$，问需要多少支 100g/L 的 KCl 针剂（每支 10ml）加到葡萄糖溶液中？

2. 2mol/L NaOH 溶液的质量浓度是多少？

3. 1.17g/L 的氯化钠溶液所产生的渗透压与质量浓度为多少的葡萄糖溶液产生的渗透压相等？

第三章 │ 物质结构与元素周期律

03章 数字资源

学习目标

1. 掌握 原子的组成；同周期、同主族元素性质的递变规律。
2. 熟悉 同位素及其在医学中的应用；1~20号元素的核外电子排布；元素周期表结构；离子键和共价键的概念；分子的极性、氢键。
3. 了解 分子间作用力。

世界上的物质种类繁多，不同的物质具有不同的性质，物质的性质与它们的内部原子结构有关；而元素周期律就像一根主线，把各类物质的化学性质和化学变化串联起来，形成规律性，为元素及其化合物的学习打下基础。本章将在初中学习的物质结构知识基础上，进一步学习物质结构及元素周期律知识。

第一节 原子的结构

一、原 子 组 成

科学实验证明，原子是由居于原子中心带正电荷的原子核和核外带负电荷的电子构成，即原子由原子核和电子构成。原子很小，而原子核更小（原子核的半径约为原子半径的十万分之一）。原子核由质子和中子构成。现将构成原子的粒子及其性质排列于表 3-1 中。

表 3-1 构成原子的粒子及其性质

构成原子的粒子	电性和电量	质量 /kg	相对质量
质子	带 1 个单位正电荷	$1.672\ 6 \times 10^{-27}$	1.007
中子	电中性	$1.674\ 8 \times 10^{-27}$	1.008
核外电子	带 1 个单位负电荷	$9.104\ 9 \times 10^{-31}$	1/1 836

由上表可以看出，电子的质量很小，仅为质子质量的 1/1836，原子质量主要集中在原子核上，原子的质量约是质子和中子的质量之和。由于质子的相对质量为 1.007，中子的相对质量为 1.008，质子和中子相对质量的近似值都是 1。如果忽略电子的质量，将原子核内所有的质子和中子的相对质量取整数值加起来所得的数值，称为原子的质量数，即

$$质量数 = 质子数 + 中子数$$

若质量数用符号 A 表示，质子数用符号 Z 表示，中子数用符号 N 表示。则

$$A = Z + N$$

如果以 $_Z^A X$ 代表一个质量数为 A、质子数为 Z 的原子，则构成原子的粒子间的关系如下：

$$原子 _Z^A X \begin{cases} 原子核 \begin{cases} 质子 Z 个 \\ 中子 (A-Z) 个 \end{cases} \\ 核外电子 Z 个 \end{cases}$$

例如，$_{11}^{23} Na$ 表示钠原子的质量数是 23，质子数是 11，则中子数是 23–11=12。

中子不带电（电中性），质子带一个单位的正电荷。因此，原子核的核电荷数就是原子核内的质子数，又由于整个原子不显电性，因此：

$$核电荷数 = 核内质子数 = 核外电子数$$

 课堂问答

已知 $_1^1 H$、$_1^2 H$、$_1^3 H$ 为氢元素的三种不同原子，其中子数分别是多少？

二、同位素及其在医学中的应用

元素是具有相同核电荷数（即质子数）的同一类原子的总称，即同一元素原子的质子数相同，但是中子数不一定相同。例如氢元素有 3 种不同的原子，它们原子核内都只有 1 个质子，但中子数不同，见表 3-2。这种质子数相同而中子数不同的同种元素的不同原子互称为同位素。

表 3-2　氢元素的 3 种不同原子的组成

名称	符号	核电荷数	质子数	中子数	质量数
氕	或 H	1	1	0	1
氘	或 D	1	1	1	2
氚	或 T	1	1	2	3

大多数元素都有同位素,目前已发现的 118 种元素中,同位素已超过 1 900 种。上述 ^1_1H、^2_1H、^3_1H 是氢元素的 3 种同位素;铀元素有 $^{234}_{92}U$、$^{235}_{92}U$、$^{238}_{92}U$ 等同位素,碳元素有 $^{12}_6C$、$^{13}_6C$、$^{14}_6C$ 等同位素。

同一元素的同位素之间质量数不同,导致同位素原子间的某些物理性质如质量、涉及原子核的放射性等性质有一定差异。但由于同位素的质子数相同,故它们的核电荷数和核外电子数都相同,具有相同的电子层结构。因此,同位素的化学性质几乎完全相同。

 课堂问答

分别指出 $^{235}_{92}U$、$^{60}_{27}Co$、$^{131}_{53}I$ 中的质量数、质子数和中子数。

同位素可分为稳定性同位素和放射性同位素两类。能自发地放射出 α、β 或 γ 射线的同位素称为放射性同位素,它的这种性质称为放射性。稳定性同位素没有放射性。如氢元素中 ^1_1H 和 ^2_1H 是稳定性同位素,^3_1H 是放射性同位素。

放射性同位素在科学研究和医学上被广泛应用,例如测定 $^{14}_6C$ 的含量能推算文物或化石的年龄;$^{235}_{92}U$ 用作核反应堆的燃料;$^{60}_{27}Co$ 放出的射线能深入组织,对癌细胞有破坏作用;根据 $^{131}_{53}I$ 被甲状腺吸收的量来确定甲状腺的功能;利用 $^{32}_{15}P$ 来鉴别乳腺肿瘤的良性或恶性等。

 知识拓展

常见放射性同位素在医学中应用

核医学是利用辐射来对病人进行诊断和治疗的一个医学分支,起初是用 $^{131}_{53}I$ 对甲状腺疾病进行诊断和治疗。近年来,随着 CT/PET(计算机断层扫描 / 正电子发射断层显像)设备的投入使用,一些放射学专家也进入了医学领域。

1. PET   使用的示踪剂是 $^{18}_9F$。PET 已被证明是探测和评价大部分癌症的最好的非侵入性方法。此外,PET 在心脏成像和脑成像中也得到了良好的应用。

2. 放射疗法   快速分裂的细胞对辐射损伤尤为敏感,因此可通过辐照癌生长区来控制癌细胞的生长或消灭癌细胞。外部辐照可通过放射性 $^{60}_{27}Co$ 源释放 γ 射束进行。内部放射疗法是向靶区注入或植入小型放射源。$^{131}_{53}I$ 通常用于治疗甲状腺癌。$^{192}_{77}Ir$ 尤其适用于治疗头部和胸部疾病。$^{89}_{38}Sr$ 和 $^{153}_{62}Sm$ 可被用于治疗骨转移癌,缓解癌症引发的骨痛;新产品 $^{186}_{75}Re$ 也具有同样的功效。

3. 放射性诊断药物 医学上最常用的一种放射性同位素是 $^{99}_{43}\text{Tc}$，它在所有的核医学应用中大约占到 80%。对 PET 成像来说，主要的放射性药品是氟去氧葡萄糖（FDG），采用 $^{18}_{9}\text{F}$ 作为示踪剂。FDG 在没有分解的情况下立即进入细胞，是一种良好的细胞代谢指示剂

三、核外电子的运动

原子是参加化学反应的最小微粒。在化学反应中，原子核不发生变化，只有核外电子发生变化，因此需要了解原子核外电子的运动状态和排布规律，从而认识物质微观世界和化学变化的本质。

（一）电子云

原子核的体积只占原子体积的几千亿分之一，整个原子几乎是空的。电子在原子核外做高速运动，没有确定的轨迹，不能测定或计算出它在某一时刻的位置。

因此，在描述核外电子运动时，只能指出它在原子核外空间某处出现的概率多少。电子在原子核外空间出现，有的区域出现的概率大，有的区域出现的概率小，其出现概率的形状犹如笼罩在原子核外周围的一层带负电的云雾，称电子云。电子出现概率最大的区域，就是电子云密度最大的地方。

氢原子的原子核外只有一个电子，这个电子在原子核外一定范围内的各处出现的概率不同，如果用小黑点代表电子出现过的地方，那么小黑点的疏密就代表电子在核外出现的概率的大小。氢原子的电子云是呈球形对称分布的，如图 3-1 所示。

图 3-1 氢原子的电子云

（二）原子核外电子排布规律

在含有多个电子的原子中，电子的能量并不相同，电子运动的区域也不相同。能量低的，通常在离原子核近的区域运动；能量高的，通常在离原子核远的区域运动。

核外电子运动的不同区域称作不同的电子层，现在发现的原子最多有 7 个电子层，习惯上常用 K、L、M、N、O、P、Q 等字母表示。电子层也可用符号 n 表示，n=1、2、3、4、5、6、7。即 n=1 表示第一电子层（或 K 层），n=2 表示第二电子层（或 L 层）……n=7 表示第七电子层（或 Q 层）。

n 值越小，说明电子运动的区域离核越近，电子的能量越低；n 值越大，说明电子运动的区域离核越远，电子的能量越高。

核外电子的分层排布具有一定的规律，电子总是先排布在能量最低的电子层里，只有当能量最低的电子层排满后，电子才依次排布在能量较高的电子层上，即排满了 K 层才排 L 层，排满了 L 层才排 M 层，依此类推。

原子核外电子排布的规律可以归纳如下：

1. 各电子层最多容纳的电子数目是 $2n^2$（n 是电子层数）。

    $n=1$ K 层   最多容纳的电子数为 $2 \times 1^2 = 2$ 个

    $n=2$ L 层   最多容纳的电子数为 $2 \times 2^2 = 8$ 个

    $n=3$ M 层   最多容纳的电子数为 $2 \times 3^2 = 18$ 个

2. 最外层电子数目不超过 8 个（K 层为最外层时不超过 2 个）。

3. 次外层电子数目不超过 18 个。

 知识拓展

电 子 亚 层

同一个电子层内，由于电子的能量稍有差异，电子云的形状也有所不同，因此同一电子层内又分为不同的电子亚层。电子亚层用 s、p、d、f 等符号表示，分别称作 s 亚层、p 亚层、d 亚层、f 亚层。其中 K 层只有 1 个亚层，即 1s；L 层中有 2 个亚层，分别是 2s 和 2p；M 层中有 3 个亚层，分别是 3s、3p、3d；N 层中有 4 个亚层，分别是 4s、4p、4d、4f。不同的亚层电子云形状不同，s 亚层的电子云是以原子核为中心的球形；p 亚层的电子云为哑铃形（图 3-2）；d 亚层和 f 亚层的电子云形状较为复杂。

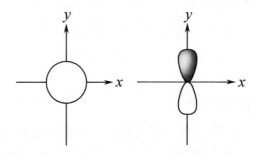

图 3-2　s、p 电子云形状示意图

（三）原子核外电子排布的表示方法

1. 原子结构示意图　如图 3-3A 所示，小圆圈表示原子核，+Z 表示核电荷数，弧线表示电子层，弧线上的数字表示该层的电子数。图 3-3B 为氟的原子结构示意图。

现将 1~20 号元素的原子结构示意图列于表 3-3 中。

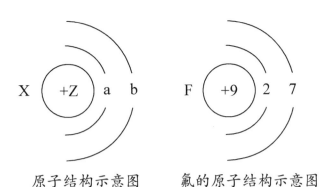

原子结构示意图　　　　氟的原子结构示意图

图3-3　原子结构示意图

表3-3　1~20号元素原子结构示意图

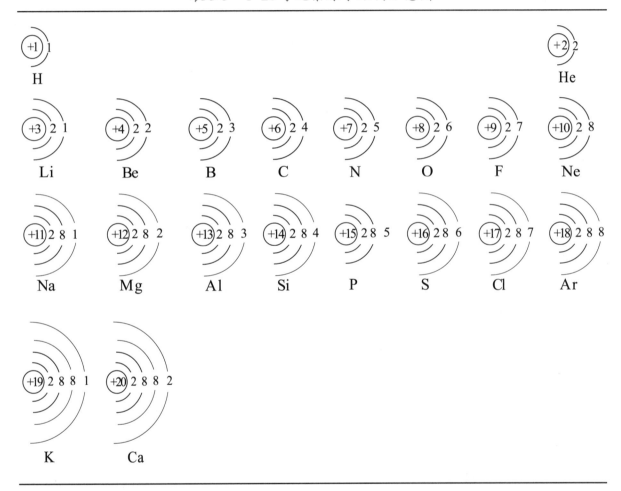

2. 电子式　用元素符号表示原子核和内层电子,并在元素符号周围用·或×表示原子最外层的电子。例如:

·Na　　·Mg·　　·Al·　　·Si·　　·P·　　:S·　　:Cl·　　:Ar:

写出3~10号元素原子结构示意图和电子式。

（四）原子结构与元素性质的关系

元素的性质与它的原子最外层电子数有非常密切的关系。稀有气体元素原子的最外层电子数是8个（氦是2个），属于稳定结构，不易发生化学反应。其他元素的原子最外层电子数小于8个，容易失去或得到电子而显示出金属性或非金属性。

1. 元素的金属性　金属元素的原子最外层电子数一般少于4个，在化学反应中易失去电子，使次外层变为最外层，达到8个电子的稳定结构。通常把原子失去电子成为阳离子的趋势称为元素的金属性。原子失去电子的能力越强，该元素的金属性就越强。

2. 元素的非金属性　非金属元素的原子最外层电子数一般多于4个，在化学反应中易得到电子，使最外层达到8个电子的稳定结构。通常把原子得到电子成为阴离子的趋势称为元素的非金属性。原子得到电子的能力越强，该元素的非金属性就越强。

第二节　元素周期律与元素周期表

一、元素周期律

按照核电荷数由小到大的顺序给元素编号，所得的序号称为该元素的原子序数。

$$原子序数＝核电荷数＝核内质子数＝核外电子数$$

为了认识元素之间的相互联系和内在规律，现将原子序数为3~18元素原子的最外层电子数、原子半径、最高正化合价和最低负化合价及元素的金属性和非金属性列于表3-4中。

表3-4　原子序数为3~18元素的结构与性质

原子序数	元素名称	元素符号	最外层电子数	原子半径/ 10^{-10} m	最高正价	最低负价	金属性和非金属性
3	锂	Li	1	1.52	+1		活泼金属元素
4	铍	Be	2	0.89	+2		金属元素
5	硼	B	3	0.82	+3		不活泼非金属元素
6	碳	C	4	0.77	+4	−4	非金属元素

原子序数	元素名称	元素符号	最外层电子数	原子半径 / 10^{-10}m	最高正价	最低负价	金属性和非金属性
7	氮	N	5	0.75	+5	-3	活泼非金属元素
8	氧	O	6	0.74		-2	很活泼非金属元素
9	氟	F	7	0.71		-1	最活泼非金属元素
10	氖	Ne	8	-	0		稀有气体
11	钠	Na	1	1.86	+1		很活泼金属元素
12	镁	Mg	2	1.60	+2		活泼金属元素
13	铝	Al	3	1.43	+3		两性元素
14	硅	Si	4	1.17	+4	-4	不活泼非金属元素
15	磷	P	5	1.10	+5	-3	非金属元素
16	硫	S	6	1.02	+6	-2	活泼非金属元素
17	氯	Cl	7	0.99	+7	-1	很活泼非金属元素
18	氩	Ar	8	-	0		稀有气体

从表 3-4 中可以看出,元素原子随着原子序数的递增,其结构和性质都呈现周期性的变化。

（一）原子最外层电子数的周期性变化

3~10 号元素原子的核外有两个电子层,最外层电子从 1 个增到 8 个,达到稳定结构;11~18 号元素原子的核外有三个电子层,最外层电子也从 1 个增到 8 个,达到稳定结构。对 18 号以后的元素继续研究下去,会发现同样的变化规律。即随着原子序数的递增,元素原子的核外电子排布呈周期性变化。

（二）原子半径的周期性变化

除稀有气体外,从 3 号金属元素锂到 9 号非金属元素氟,随着原子序数的递增,原子半径由大逐渐变小。再从 11 号金属元素钠到 17 号非金属元素氯,随着原子序数的递增,原子半径也由大逐渐变小。若将所有的元素原子半径按原子序数递增顺序排列起来,将会发现随着原子序数的递增,原子半径呈周期性的变化。

（三）元素主要化合价的周期性变化

稀有气体元素的化合价为零。除氧和氟外,随着原子序数的递增,元素的最高正化合价从 +1 价依次递增到 +7 价,非金属元素的最低负化合价从 -4 价依次递减到 -1 价。可见,元素的化合价随着原子序数的递增而呈现周期性的变化。

（四）元素金属性和非金属性的周期性变化

3~9 号元素是从活泼的金属元素锂开始逐渐递变到活泼的非金属元素氟，最后是 10 号稀有气体元素氖；11~17 号元素是从活泼的金属元素钠开始逐渐递变到活泼的非金属元素氯，最后是 18 号稀有气体元素氩，重复了上述变化规律。由此可知，元素的金属性和非金属性随着原子序数的递增而呈现周期性的变化。

综上所述，元素的性质随着原子序数的递增而呈周期性变化的规律称为元素周期律。

元素周期律深刻揭示了原子结构和元素性质的内在联系，元素性质的周期性变化是元素原子核外电子排布的周期性变化的必然结果。

二、元素周期表

根据元素周期律，把已知的元素中电子层数目相同的元素，按原子序数递增的顺序从左到右排成横行；再把不同横行中最外层电子数相同的元素，按电子层数递增的顺序由上到下排成纵行，这样做成的一张表，称为元素周期表。

（一）元素周期表的结构

1. 周期　元素周期表的横行称为周期。元素周期表有 7 个横行，即 7 个周期。周期的序数用 1、2、3、4、5、6、7 表示。元素的周期序数与该元素原子具有的电子层数相等。即：

$$周期序数 = 电子层数$$

例如，某元素的原子有 4 个电子层，则该元素一定是第 4 周期元素。

目前已经发现的元素总数是 118 种。第 1、2、3 周期含元素数目较少，称为短周期；第 4、5、6、7 周期含元素数目较多，称为长周期。

除第 1 周期外，其余每一周期的元素都是从活泼的金属元素开始，逐渐过渡到活泼的非金属元素，最后以稀有气体元素结束。

为了使元素周期表的结构紧凑，第 6 周期从 57 号元素镧到 71 号元素镥共 15 种元素，它们的电子层结构和性质非常相似，称为镧系元素，单独放在一个格内；第 7 周期从 89 号元素锕到 103 号元素铹共 15 种元素，它们的电子层结构和性质也非常相似，称为锕系元素，单独放在一个格内。并按原子序数递增的顺序，把它们分两行另列在元素周期表的下方。

2. 族　元素周期表有 18 个纵行。除第 8、9、10 三个纵行称为第Ⅷ族元素外，其余 15 个纵行，每个纵行为一族。族序数用罗马数字Ⅰ、Ⅱ……Ⅶ等表示。族可分为主族、副族、第Ⅷ族和 0 族。

由短周期元素和长周期元素共同构成的族称为主族，共有 7 个主族，主族序数后标 A，如ⅠA、ⅡA……ⅦA。同一主族元素的最外层电子数相同，主族元素的族序数与该元

素原子的最外层电子数相等,即:

$$主族序数=最外层电子数$$

例如,某主族元素的原子的最外层电子数为6个,则该元素一定是第ⅥA族元素。

完全由长周期元素构成的族称为副族,副族序数后面标 B,如ⅠB、ⅡB……ⅦB;通常把第Ⅷ族和全部副族元素称为过渡元素。稀有气体元素化学性质不活泼,在通常情况下难以发生化学反应,化合价为 0 价,因而称为 0 族。元素周期表中有 7 个主族、7 个副族、1 个第Ⅷ族和 1 个 0 族,共 16 个族。

 课堂问答

画出第 17 号元素 Cl 原子的结构示意图,指出它在周期表中的位置,判断它是金属元素还是非金属元素。

(二)元素周期表中元素性质的递变规律

1. 同周期元素性质的递变规律　在同一周期中(第 1 周期除外),各元素的原子核外电子层数相同,从左到右,核电荷数依次增多,原子半径逐渐变小,失电子能力逐渐减弱,得电子能力逐渐增强,元素的金属性逐渐减弱,非金属性逐渐增强。

$$（左）\xrightarrow[\text{金属性逐渐减弱,非金属性逐渐增强}]{\text{Na\quad Mg\quad Al\quad Si\quad P\quad S\quad Cl}}（右）$$

2. 同主族元素性质的递变规律　在同一主族中,各元素原子的最外层电子数相同,自上而下电子层数逐渐增多,原子半径逐渐变大,失电子能力逐渐增强,得电子能力逐渐减弱,元素的金属性逐渐增强,非金属性逐渐减弱。

$$（上）\xrightarrow[\text{金属性逐渐增强,非金属性逐渐减弱}]{\text{Li\quad Na\quad K\quad Rb\quad Cs\quad Fr}}（下）$$

元素周期表是元素周期律的具体表现形式,它反映了元素之间相互联系的规律,是我们学习化学的重要工具。

 知识拓展

元素周期律和元素周期表的意义

元素周期律的发现和元素周期表的创立,对化学的学习、研究具有重要的指导意义。应用元素周期律和元素在周期表中的位置及其与相邻元素的性质关系可以判断元素的一般性质；预言和发现新元素；寻找和制造新材料等。不仅如此，周期律和周期表对所有元素进行了科学分类，给系统学习和掌握元素及其化合物的性质提供了正确的途径和方法，还可推动化学和其他科学及工农业生产的发展。例如：元素周期律和元素周期表对制造新化合物具有指导作用。由于位置相近的元素性质也相似，故利用F、Cl、S、P、As 等元素制造农药；利用 W、Mo、Nb、Zr、Ti 等稀有金属制造收音机中的电子管；利用 Cs 和 Rb 等制造电视机中的光电管；利用 W、Mo、Ta、Nb 等元素制成的合金，能耐高温，是制造导弹、飞船、火箭所不可缺少的优良材料。元素周期律和元素周期表的重大意义还在于它在自然科学上强有力地论证了自然界从量变到质变的转化。

第三节 化 学 键

原子可以相互结合成分子，说明原子之间存在着相互作用。化学上把这种相邻的原子间强烈的相互作用称为化学键。化学键可以分为离子键、共价键和金属键等不同类型，这里学习离子键和共价键。

一、离 子 键

（一）离子键的形成

以 NaCl 为例说明离子键的形成。

钠原子的最外层电子只有 1 个，容易失去最外层的 1 个电子变成 +1 价的金属阳离子 Na^+，而氯原子的最外层电子有 7 个电子，容易得到 1 个电子而变成 Cl^-，当钠原子和氯原子相互靠近时，钠原子失去的电子正好被氯原子得到，分别形成了带正电荷的 Na^+ 和带负电荷的 Cl^-。二者靠静电引力结合在一起形成了稳定的化学键。

这种阴、阳离子间通过静电作用所形成的化学键，称为离子键。

NaCl 的形成用电子式表示如下：

$$Na\times \ + \ \cdot \ddot{\underset{\cdot\cdot}{Cl}}\colon \ \longrightarrow \ Na^+\left[\times \ddot{\underset{\cdot\cdot}{Cl}}\colon\right]^-$$

当活泼金属（ⅠA 族、ⅡA 族的金属）与活泼非金属（ⅥA 族、ⅦA 族的非金属）化合时，都能形成离子键。例如，NaCl、CaF_2、K_2O 等都是通过离子键结合而成。

（二）离子化合物

以离子键形成的化合物称为离子化合物。例如，NaCl、CaF_2、MgO 等都是离子化合物。在离子化合物中，离子具有的电荷数就是它们的化合价。如 Na^+ 是 +1 价，Ca^{2+}、Mg^{2+}

都是 +2 价, Cl^-、F^- 都是 –1 价, O^{2-} 是 –2 价。

二、共　价　键

（一）共价键的形成

以 H_2 分子为例说明共价键的形成。

氢原子最外层电子是 1 个, 当两个氢原子靠近形成氢分子时, 由于两个氢原子得失电子的能力相同, 氢原子的最外层 1 个电子不是从一个氢原子转移到另一个氢原子, 而是在两个氢原子间共用形成共用电子对, 氢原子间靠共用电子对形成氢分子的稳定结构。

这种原子间通过共用电子对所形成的化学键, 称为共价键。

H_2 的形成用电子式表示如下:

$$H^\times + \cdot H \longrightarrow H^\times_\bullet H$$

非金属原子间相互结合时, 易形成共价键。例如 Cl_2、HCl、H_2O、CH_4 等都是由共价键形成的。其电子式可表示为

$$:\overset{..}{\underset{..}{Cl}}:\overset{..}{\underset{..}{Cl}}: \qquad H:\overset{..}{\underset{..}{Cl}}: \qquad H:\overset{..}{O}:H \qquad H:\overset{\overset{\textstyle H}{}}{\underset{\underset{\textstyle H}{}}{C}}:H$$

在化学上, 也常用一根短线表示一对共用电子对, 这种表示分子结构的式子称为结构式。以上电子式可以表示为

$$Cl-Cl \qquad H-Cl \qquad \overset{O}{H \diagup \diagdown H} \qquad H-\overset{\overset{\textstyle H}{|}}{\underset{\underset{\textstyle H}{|}}{C}}-H$$

（二）共价化合物

全部以共价键形成的化合物称为共价化合物。例如, HCl、H_2O、NH_3、CO_2 等都是共价化合物。在共价化合物中, 元素的化合价是该元素一个原子与其他原子间形成共用电子对的数目。由于元素原子的种类不同, 吸引电子的能力也不同, 共用电子对会偏向吸引电子能力强的一方。所以共用电子对偏向的一方为负价, 偏离的一方为正价。例如, HCl 中, H 为 +1 价、Cl 为 –1 价。

需要注意的是, 在一些离子化合物中, 可以同时存在离子键和共价键。如化合物 $NaOH$ 中, Na^+ 与 OH^- 之间以离子键结合, 而 H 和 O 之间则以共价键结合。

$NaOH$ 的电子式为

$$Na^+ \left[:\overset{\cdot\cdot}{\underset{\cdot\cdot}{O}}:H \right]^-$$

配 位 键

在一些化合物中，还存在一种特殊的共价键。这种共价键中的共用电子对是由其中 1 个原子单方面提供的，这种共价键称为配位键。如果是 A 原子提供 1 对电子与 B 原子共用形成的配位键，可以用 A→B 表示。如 NH_3 分子和 H^+ 形成 NH_4^+ 时，由于 NH_3 分子中 N 原子与 3 个 H 原子形成共价键后，还有 1 对未共用的电子对（也称孤对电子），而 H^+ 已经没有电子了，这样 NH_3 分子中的 N 原子就可以提供 1 对电子与 H^+ 共用，形成配位键。

NH_4^+ 配位键的形成用电子式可表示为

$$
H\overset{\cdot\cdot}{\underset{\underset{H}{\times}}{\overset{\times}{N}}}\!\!\times\!\! H + H^+ \longrightarrow \left[H\overset{\overset{H}{\cdot\cdot}}{\underset{\underset{H}{\times}}{\overset{\times}{N}}}\!\!\times\!\! H \right]^+
$$

$\qquad$ 氨分子 $\qquad$ 氢离子 $\qquad$ 铵离子

NH_4^+ 的结构式可表示为

$$
\left[\overset{\overset{\textstyle H}{\big\uparrow}}{H-N-H} \atop \underset{\textstyle H}{} \right]^+
$$

第四节　分子间作用力和氢键

一、分 子 极 性

（一）共价键的类型

由同种元素的原子形成的共价键，两个原子吸引电子的能力相同，共用电子对不偏向任何一个原子，这种共价键称非极性共价键，简称非极性键。如 H—H 共价键、Cl—Cl 共价键等都是非极性键。

由不同种元素的原子形成的共价键，由于原子吸引电子的能力不同，共用电子对偏向吸引电子能力较强的原子一方，这种共价键称为极性共价键，简称极性键。如 H—Cl 共价键就属于极性键，共用电子对偏向 Cl 原子一端，使 Cl 原子带部分负电荷，H 原子带部分正电荷。两个成键原子得电子能力差异越大，形成的共价键的极性越强。

（二）极性分子和非极性分子

分子的极性与分子中正电荷重心和负电荷重心能否重合有关。正、负电荷重心能重合的分子称为非极性分子；正、负电荷重心不能重合的分子称为极性分子。

1. 以非极性键结合的双原子分子一定是非极性分子，如 H_2、O_2、Cl_2 等。

2. 以极性键结合的双原子分子一定是极性分子，如 HCl、HI、CO 等。

3. 以极性键结合的多原子分子，分子的极性取决于分子的空间构型。如果分子的空间构型是完全对称的，键的极性相互抵消，正、负电荷重心重合，则分子为非极性分子；反之则为极性分子。如非极性分子 CO_2 和 CH_4；极性分子 H_2O 和 NH_3 等。

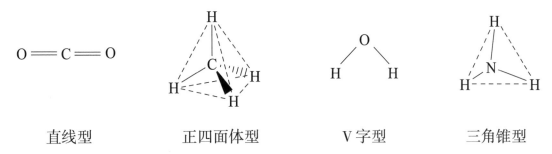

| 直线型 | 正四面体型 | V 字型 | 三角锥型 |

 课堂问答

下列分子中，哪些是极性分子，哪些是非极性分子？

H_2、Cl_2、O_2、CO、CO_2、NH_3、CH_4、H_2O

二、分子间作用力

分子与分子之间存在的相互作用力称为分子间作用力。因为它是由荷兰物理学家范德华首先提出来的，所以又称为范德华力。分子间作用力普遍存在于固态、液态、气态的分子之间。固态时分子间作用力较大，液态时次之，气态时分子间作用力很小，难以感知其存在。

分子间作用力的特点：

1. 分子间作用力较小，比化学键弱得多。

2. 分子间作用力不具有方向性和饱和性，只要空间允许就能相互吸引。

3. 普遍存在于任何分子之间。

4. 作用范围小，只有几百皮米（pm）。

三、氢　　键

凡是与非金属性很强、原子半径较小的原子 X（F、O、N）以共价键相结合的氢原子，还可以再和这类元素的另一个原子 Y 结合,这种相互作用称为氢键。用 X—H···Y 表示。氢键不是化学键,而是一种特殊的分子间作用力。

氢键对物质的某些物理性质产生影响。例如,具有氢键的化合物的熔点和沸点比没有氢键的同类化合物要高,例如由于 H_2O 分子间存在氢键,导致 H_2O 的熔点、沸点比同类型 H_2S 的熔点、沸点高得多。如果溶质分子和溶剂分子之间能形成氢键,则溶质的溶解度增大。

章末小结

本章重点内容是原子的构成和元素周期律,难点是核外电子排布规律。

1. 原子是由原子核和核外电子构成,而原子核由质子和中子构成。

原子序数=核电荷数=核内质子数=核外电子数

质量数(A)=质子数(Z)+中子数(N)

2. 质子数相同而中子数不同的同种元素的不同原子互称为同位素。

3. 元素周期律是指元素的性质随着元素原子序数的递增而呈现周期性的变化规律。它是元素原子核外电子排布周期性变化的必然结果。

4. 同一周期从左到右元素的金属性逐渐减弱,非金属性逐渐增强;同一主族自上而下,元素的金属性逐渐增强,非金属性逐渐减弱。

5. 相邻的原子间强烈的相互作用称为化学键。离子键是阴、阳离子之间通过静电作用所形成的化学键;活泼金属和活泼非金属以离子键的形式结合。共价键是原子间通过共用电子对形成的化学键。非金属原子间以共价键的形式结合。

6. 分子间作用力也称范德华力,而氢键是一种特殊的分子间作用力,它对物质的熔点、沸点、溶解度都有很大的影响。

(李 慧)

思考与练习

一、名词解释

同位素   元素周期律   离子键   共价键

二、填空题

1. 元素周期表中有_____个周期,其中_____个短周期。周期表中共有_____个族,其中_____个主族,_____个副族,_____个Ⅷ族,_____个0族。

2. 同周期元素的原子具有相同的_____,同周期元素性质的递变规律是

_____；同主族元素的原子具有相同的 _____，同主族元素性质的递变规律是 _____。

三、简答题

1. ^2_1H、$2H$、$2H^+$、H_2 各自的含义是什么？

2. 甲、乙两种元素，甲元素的 +1 价离子的电子层结构与氖元素的电子层结构相似，乙元素的原子核内有 16 个质子。请回答下列问题：

（1）甲、乙各为何元素？画出其原子结构示意图。

（2）指出甲、乙两元素在元素周期表中的位置。

第四章 | 化学反应及其规律

学
习
目
标

1. 掌握　氧化还原反应的特征、实质及氧化剂和还原剂的概念；化学反应速率、可逆反应、化学平衡的概念。
2. 熟悉　氧化还原反应方程式的配平原则和步骤；浓度、温度、压强和催化剂对化学反应速率的影响；浓度、压强、温度对化学平衡移动的影响及平衡移动原理。
3. 了解　医药中常用的氧化剂和还原剂；化学平衡常数的概念。

　　氧化还原反应和工农业生产、科学研究、医药卫生、日常生活都有密切关系，是临床检验、药物生产、卫生监测等方面经常遇到的一类化学反应。在研究化学反应时，还常涉及两个方面的问题：一是化学反应进行得快慢，属于化学反应速率问题；二是化学反应进行的方向和程度，属于化学平衡问题。学习化学反应速率和化学平衡的知识，可以掌握化学反应的规律，促进有利反应，抑制不利反应。同时，作为医学工作者，要认识人体内的生理变化、生化反应及药物在体内的代谢都需要一定的化学反应速率和化学平衡知识。本章内容包括氧化还原反应、化学反应速率和化学平衡。

第一节　氧化还原反应

一、氧化还原反应的概念

（一）氧化还原反应的特征和实质

1. 氧化还原反应的特征　例如氢气还原氧化铜的反应：

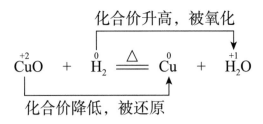

$$\overset{+2}{\text{CuO}} + \overset{0}{\text{H}_2} \xrightarrow{\triangle} \overset{0}{\text{Cu}} + \overset{+1}{\text{H}_2\text{O}}$$

化合价升高，被氧化

化合价降低，被还原

上述化学方程式中，氢从 H_2 中的 0 价变为 H_2O 中的 +1 价，氢的化合价升高，H_2 被氧化，发生氧化反应。同时铜由 CuO 中的 +2 价变为单质 Cu 的 0 价，Cu 的化合价降低，CuO 被还原，发生还原反应。

由此可知：物质所含元素化合价升高的反应是氧化反应，物质所含元素化合价降低的反应是还原反应。凡是有元素化合价升降变化的化学反应，称为氧化还原反应。

再例如 Na 与 Cl_2 的反应：

化合价升高，被氧化

$$2\overset{0}{\text{Na}} + \overset{0}{\text{Cl}_2} \xrightarrow{\text{燃烧}} 2\overset{+1\ -1}{\text{NaCl}}$$

化合价降低，被还原

钠从 0 价升高到 +1 价，被氧化，发生氧化反应。氯从 0 价降低到 –1 价，被还原，发生还原反应。

氧化还原反应的特征：反应前后元素化合价有升降变化。若反应前后元素化合价没有变化则为非氧化还原反应。

2. 氧化还原反应的实质　在 Na 与 Cl_2 的反应中，钠原子化合价升高是由于失去电子，升高的价数就是失去的电子数。氯原子化合价降低是由于得到电子，降低的价数就是得到的电子数。所以元素化合价升降的实质就是它们的原子失去或得到电子的缘故，即原子间发生了电子转移。

如果用字母 e 表示 1 个电子，用箭头表示反应前后同一元素的原子得到或失去电子的情况，则金属钠和氯气的反应可用下式表示：

失去2e

$$2\overset{0}{\text{Na}} + \overset{0}{\text{Cl}_2} \xrightarrow{\text{燃烧}} 2\overset{+1\ -1}{\text{NaCl}}$$

得到2e

在化学反应方程式里，箭头除常来表示反应前后同一元素的原子得到或失去电子的情况，还可以用箭头表示不同种元素的原子间电子转移的情况。

1e×2

$$2\overset{0}{\text{Na}} + \overset{0}{\text{Cl}_2} \xrightarrow{\text{燃烧}} 2\overset{+1\ -1}{\text{NaCl}}$$

物质失去电子的反应就是氧化反应,物质得到电子的反应就是还原反应,凡是有电子得失的反应就是氧化还原反应。在氧化还原反应中,某物质失去电子,必定有另一种物质得到电子,因此,氧化反应和还原反应在一个反应里同时发生,相互依存,缺一不可。

但是也有一些反应,元素化合价的改变,不是由于电子得失引起的,而是由于共用电子对偏移产生的。例如 Cl_2 和 H_2 反应:

$$\overset{1e\times2}{\overset{\frown}{\underset{0}{H_2} + \underset{0}{Cl_2} \xrightarrow{\text{燃烧}} 2\overset{+1\ -1}{HCl}}}$$

分子中共用电子对偏向氯原子,则氯的化合价从 0 价降低到 –1 价。共用电子对偏离氢原子,则氢的化合价从 0 价升高到 +1 价。

化学反应前后元素化合价的升降变化是氧化还原反应的特征,而化学反应中发生了电子的转移(得失或偏移)则是氧化还原反应的实质。

 课堂问答

下列反应中属于氧化还原反应的是

A. $Na_2CO_3+2HCl \xlongequal{\quad} 2NaCl+CO_2\uparrow+H_2O$

B. $Na_2O+H_2O \xlongequal{\quad} 2NaOH$

C. $2KMnO_4 \xlongequal{\quad} K_2MnO_4+MnO_2+O_2\uparrow$

D. $MnO_2+4HCl \xlongequal{\quad} MnCl_2+2H_2O+Cl_2\uparrow$

(二)氧化剂和还原剂

1. 氧化剂　在氧化还原反应中,凡是得到电子(化合价降低)的物质称为氧化剂。氧化剂具有氧化性,能使其他物质氧化,而本身被还原。

例如:在 H_2SO_4 酸性溶液中,$KMnO_4$ 与 H_2O_2 发生氧化还原反应。

$$\overset{1e\times10}{\overset{\frown}{5\underset{\text{还原剂}}{\overset{-1}{H_2O_2}} + 2\underset{\text{氧化剂}}{\overset{+7}{KMnO_4}} + 3H_2SO_4 \xlongequal{\quad} 2\overset{+2}{MnSO_4} + K_2SO_4 + 5\overset{0}{O_2}\uparrow + 8H_2O}}$$

在上述反应中,$KMnO_4$ 中 Mn 的化合价从 +7 价降低到 +2 价,化合价降低,得到电子,被还原成 Mn^{2+},所以 $KMnO_4$ 是氧化剂。

常见的氧化剂还有重铬酸钾($K_2Cr_2O_7$)、硝酸(HNO_3)和浓硫酸(H_2SO_4)等。

2. 还原剂　在氧化还原反应中,凡是失去电子(化合价升高)的物质称为还原剂。

还原剂具有还原性，能使其他物质还原，而本身被氧化。

在上述反应中，H_2O_2 中氧的化合价由 -1 价升高到 0 价，化合价升高，失去电子，被氧化成 O_2，故 H_2O_2 是还原剂。

常见的还原剂还有活泼的金属元素 Na、Mg、Zn、Fe 等。

在判断氧化剂和还原剂时，应注意以下几点：

（1）同一个物质在不同反应中，有时为氧化剂，有时为还原剂。H_2O_2 在上述反应中遇到 $KMnO_4$ 时，它是还原剂。若遇强还原剂时，它就是氧化剂。例如：

$$\overset{\overset{\displaystyle 1e\times 2}{\frown}}{2H\overset{-1}{I} + H_2\overset{-1}{O_2} = 2H_2\overset{-2}{O} + \overset{0}{I_2}}$$
　　还原剂　　　氧化剂

（2）有些物质在同一反应中，既是氧化剂又是还原剂。例如：

$$\overset{\overset{\displaystyle 1e\times 2}{\frown}}{\overset{0}{Cl} - \overset{0}{Cl} + H_2O} = H\overset{+1}{Cl}O + H\overset{-1}{Cl}$$
　氧化剂
　还原剂

上述反应中，一个 Cl 原子的化合价升高，另一个 Cl 原子的化合价降低，Cl_2 既是氧化剂又是还原剂。

（3）氧化剂、还原剂的氧化还原产物与反应条件有密切关系，反应条件不同，氧化还原的产物也不同。例如强氧化剂 $KMnO_4$ 在酸性、中性、碱性溶液中，其还原产物分别是 Mn^{2+}、MnO_2、MnO_4^{2-}，反应式如下：

在酸性溶液中：

$$2KMnO_4 + 5K_2SO_3 + 3H_2SO_4 = 2MnSO_4 + 6K_2SO_4 + 3H_2O$$

在中性或弱碱性溶液中：

$$2KMnO_4 + 3K_2SO_3 + H_2O = 2MnO_2\downarrow + 3K_2SO_4 + 2KOH$$

在强碱性溶液中：

$$2KMnO_4 + K_2SO_3 + 2KOH = K_2MnO_4 + K_2SO_4 + H_2O$$

由于得失电子的能力不一样，氧化剂和还原剂也有强弱之分，获得电子能力强的氧化剂称强氧化剂，失去电子容易的还原剂称强还原剂。

 课堂问答

指出下列氧化还原反应中的氧化剂和还原剂

A. $2KMnO_4 = K_2MnO_4 + MnO_2 + O_2\uparrow$

B. $Cl_2 + 2KI = 2KCl + I_2\uparrow$

3. 医药中常用的氧化剂和还原剂

（1）过氧化氢（H_2O_2）：过氧化氢有消毒杀菌作用，医药上常用 3g/L 的过氧化氢水溶液作为外用消毒剂。市售过氧化氢溶液的浓度通常为 30g/L，有较强氧化性，对皮肤有很强的刺激作用，使用时要进行稀释。

（2）高锰酸钾（$KMnO_4$）：高锰酸钾俗称灰锰氧，医药上简称 PP 粉，为深紫色、有光泽的晶体，易溶于水，其水溶液呈紫色。高锰酸钾是强氧化剂，医药上常用其稀溶液作为外用消毒剂。

（3）硫代硫酸钠（$Na_2S_2O_3$）：别名大苏打，俗称海波。常用的硫代硫酸钠含有 5 个分子结晶水（$Na_2S_2O_3 \cdot 5H_2O$），它是无色晶体，易溶于水，具有还原性。硫代硫酸钠在医药上用于治疗慢性荨麻疹或作为解毒剂。

 知识拓展

化学需氧量（COD）

所谓化学需氧量（COD），是在一定的条件下，采用一定的强氧化剂处理水样时所消耗的氧化剂量。它是表示水中还原性物质多少的一个指标。水中的还原性物质有各种有机物、亚硝酸盐、硫化物、亚铁盐等，但主要的是有机物。因此，化学需氧量（COD）又往往作为衡量水中有机物含量多少的指标。化学需氧量越大，说明水体受有机物的污染越严重。化学需氧量（COD）的测定，目前应用最普遍的是酸性高锰酸钾氧化法和重铬酸钾氧化法。

在饮用水的标准中，Ⅰ类和Ⅱ类水化学需氧量（COD）≤15、Ⅲ类水化学需氧量（COD）≤20、Ⅳ类水化学需氧量（COD）≤30、Ⅴ类水化学需氧量（COD）≤40。COD 的数值越大，表明水体的污染情况越严重。

二、氧化还原反应方程式的配平

（一）配平原则

对于一些简单的氧化还原反应，可以用观察法配平，但许多氧化还原反应往往是比较复杂的，反应方程式涉及的物质较多，难以用观察法配平，故需采用科学的方法和步骤进行配平。配平氧化还原反应方程式的方法有多种，配平原则必须满足下列两个条件：

一是还原剂失去电子的总数（或化合价升高的总数）与氧化剂得到电子的总数（或化合价降低的总数）相等；二是反应前后每一元素的原子数相等。在这里仅介绍电子得失（或化合价升降）配平法配平氧化还原反应方程式。

（二）配平步骤

例4-1　高锰酸钾与硫酸亚铁在酸性溶液中的反应。

解：

1. 正确书写反应物和生成物的化学式，中间用"——→"表示。

$$KMnO_4 + FeSO_4 + H_2SO_4 \longrightarrow MnSO_4 + K_2SO_4 + Fe_2(SO_4)_3 + H_2O$$

2. 标出氧化剂和还原剂中化合价发生改变的元素的化合价。

$$\overset{+7}{K}MnO_4 + \overset{+2}{Fe}SO_4 + H_2SO_4 \longrightarrow \overset{+2}{Mn}SO_4 + K_2SO_4 + \overset{+3}{Fe_2}(SO_4)_3 + H_2O$$

3. 计算每分子氧化剂和还原剂电子得失总数，得到电子用"+"表示，失去电子用"–"表示，用箭头分别标在反应式的上方和下方。

$$\overset{+7}{K}MnO_4 + 2\overset{+2}{Fe}SO_4 + H_2SO_4 \longrightarrow \overset{+2}{Mn}SO_4 + K_2SO_4 + \overset{+3}{Fe_2}(SO_4)_3 + H_2O$$

上方：+5e　　下方：–1e×2

4. 根据氧化还原反应中得电子总数和失电子总数相等原则，求出得失电子的最小公倍数，把确定的系数写在氧化剂和还原剂化学式前面。

$$2\overset{+7}{K}MnO_4 + 10\overset{+2}{Fe}SO_4 + H_2SO_4 \longrightarrow 2\overset{+2}{Mn}SO_4 + K_2SO_4 + 5\overset{+3}{Fe_2}(SO_4)_3 + H_2O$$

上方：+5e×2　　下方：–1e×2×5

5. 再用观察法确定反应式其他物质的系数。并将"——→"改为"＝＝"，最后核对反应前后每种元素的原子数是否相符。

$$2KMnO_4 + 10FeSO_4 + 8H_2SO_4 \Longrightarrow 2MnSO_4 + K_2SO_4 + 5Fe_2(SO_4)_3 + 8H_2O$$

例4-2　重铬酸钾和碘化钾在酸性条件下反应。

解：

1. 正确书写反应物和生成物的化学式，中间用"——→"表示。

$$K_2Cr_2O_7 + KI + H_2SO_4 \longrightarrow Cr_2(SO_4)_3 + K_2SO_4 + I_2 + H_2O$$

2. 标出氧化剂和还原剂中化合价发生改变的元素的化合价。

$$K_2\overset{+6}{Cr_2}O_7 + K\overset{-1}{I} + H_2SO_4 \longrightarrow \overset{+3}{Cr_2}(SO_4)_3 + K_2SO_4 + \overset{0}{I_2} + H_2O$$

3. 计算每分子氧化剂和还原剂电子得失总数。

$$\overset{+3e}{\overbrace{\underset{}{K_2\overset{+6}{Cr}_2O_7 + 2K\overset{-1}{I} + H_2SO_4 \longrightarrow \overset{+3}{Cr}_2(SO_4)_3 + K_2SO_4 + \underset{}{\overset{0}{I}_2} + H_2O}}}$$

$$\underbrace{}_{-1e\times2}$$

4. 求出氧化剂和还原剂得失电子的最小公倍数。

$$\overset{+3e\times2}{\overbrace{\underset{}{K_2\overset{+6}{Cr}_2O_7 + 6K\overset{-1}{I} + H_2SO_4 \longrightarrow \overset{+3}{Cr}_2(SO_4)_3 + K_2SO_4 + 3\overset{0}{I}_2 + H_2O}}}$$

$$\underbrace{}_{-1e\times2\times3}$$

5. 配平整个反应方程式并检查反应前后各原子数是否相等。

$$K_2Cr_2O_7 + 6KI + 7H_2SO_4 = Cr_2(SO_4)_3 + 4K_2SO_4 + 3I_2 + 7H_2O$$

 课堂问答

配平下列氧化还原反应方程式:

1. $Cu + H_2SO_4(浓) \longrightarrow CuSO_4 + SO_2\uparrow + H_2O$

2. $KClO_3 \longrightarrow KClO_4 + KCl$

3. $Cu + HNO_3(稀) \longrightarrow Cu(NO_3)_2 + NO\uparrow + H_2O$

第二节　化学反应速率与化学平衡

一、化学反应速率

（一）化学反应速率概念及表示方法

化学反应有快有慢,快的如炸药爆炸、酸碱反应等,瞬间就能完成;而有些反应进行得较慢,如氢气与氧气生成水的反应,在室温条件下几乎不能进行,大多数有机反应常需要几小时或更长时间才能完成。

描述化学反应快慢的物理量称为化学反应速率,通常用单位时间内某种反应物浓度的减少或某种生成物浓度的增加来表示。其数学表达式为:

$$\overline{v} = \pm\frac{c_2 - c_1}{t_2 - t_1}$$

其中 c_1 和 c_2 分别是时间 t_1 和 t_2 时的浓度。如果浓度单位用 mol/L,时间单位用秒

（s）、分（min）或小时（h）等，则化学反应速率的单位可选用 mol/(L·s)、mol/(L·min)、mol/(L·h)等。

由于随着反应的进行，反应物浓度在不断减少，为使化学反应速率为正值，所以用反应物浓度的改变来表示化学反应速率时，公式中分式前要加"–"号。

 课堂问答

在某条件下，有一合成氨的反应，在 t_1 时刻测得 N_2、H_2 和 NH_3 的浓度分别为 5.0mol/L、10.0mol/L 和 3.0mol/L，经过 2min 后，在 t_2 时刻测得的浓度分别为 4.0mol/L、7.0mol/L 和 5.0mol/L。问该条件下合成氨的化学反应速率是多少？

（二）影响化学反应速率的因素

影响化学反应速率的因素一是内因，二是外因。内因是决定因素，由物质的组成和内部结构所决定；外因是变化的条件，主要有浓度、压强、温度、催化剂。

1. 浓度对化学反应速率的影响

 观察与思考

取两支试管，编号，在 1 号试管中加入 0.1mol/L $Na_2S_2O_3$ 溶液 2ml，在 2 号试管中加入 0.1mol/L $Na_2S_2O_3$ 溶液 1ml 和纯化水 1ml。然后同时向这两支试管中分别加入 0.1mol/L H_2SO_4 溶液 2ml，观察实验现象。

请思考：

1. 两支试管中是否都出现浑浊？

2. 哪支试管出现浑浊快？请解释原因。

实验现象表明：1 号试管中先出现浑浊，2 号试管中后出现浑浊。

$$Na_2S_2O_3 + H_2SO_4 === Na_2SO_4 + S\downarrow + SO_2\uparrow + H_2O$$

1 号试管反应物 $Na_2S_2O_3$ 溶液浓度为 0.1mol/L，2 号试管 $Na_2S_2O_3$ 溶液浓度为 0.05mol/L。上述实验现象说明反应物硫代硫酸钠浓度越大时，反应速率越快。

大量实验证明：当其他条件不变时，增大反应物的浓度，反应速率加快；减小反应物的浓度，反应速率减慢。

有效碰撞理论

化学反应发生的先决条件是反应物分子相互接触和碰撞,反应物分子之间的碰撞次数很多,但并不是每一次碰撞均可以发生化学反应。将能够发生化学反应的碰撞称为有效碰撞,将不能发生化学反应的碰撞称为无效碰撞。化学反应发生的原因是反应物的分子之间发生了有效碰撞,有效碰撞次数越多,反应速率越快。能够发生有效碰撞的分子称为活化分子。反应物分子中的活化分子越多,产生的有效碰撞就越多,反应就越快。实验证明,若增大反应物浓度,即单位体积内的反应物分子总数增大,单位体积内的活化分子数增加,有效碰撞次数增多,反应速率就加快。

2. 压强对化学反应速率的影响　由于气体的体积主要决定于分子间的距离。当温度一定时,气体的体积与压强成反比,如图4-1所示。

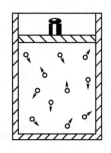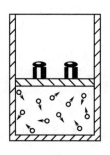

图 4-1　压强大小与一定量气体所占体积的示意图

因此,当其他条件不变时,对有气体参加的反应来说,增大压强,气体的体积缩小,即气体的浓度增大,反应速率加快;减小压强,气体体积增大,即气体的浓度变小,反应速率减慢。

压强对只有固体或液体参加的反应来说几乎没有影响。因为对于固体或液体物质,改变压强对它们的体积影响很小,其浓度几乎不变。

3. 温度对化学反应速率的影响

观察与思考

取两支试管,编号,分别加入 0.1mol/L 的 $Na_2S_2O_3$ 溶液 2ml,1 号试管放在盛有热水的烧杯中,2 号试管放在盛有冷水的烧杯中。稍候片刻,同时向这两支试管中分别加入 0.1mol/L 的 H_2SO_4 溶液 2ml,观察实验现象。

请思考：

1. 两支试管中是否都出现浑浊？

2. 哪支试管出现浑浊快？请解释原因。

实验现象表明：放在热水中的 1 号试管先出现浑浊；放在冷水中的 2 号试管后出现浑浊，即反应温度越高，化学反应速率越大。

大量实验证明：其他条件不变时，升高温度，反应速率增大；降低温度，反应速率减慢。

科学实验证明：当其他条件不变时，温度每升高 10℃，反应速率可增大到原来的 2~4 倍，当温度降低时，反应速率则以相同的比例减小。

在生产实践中，可以通过控制温度来改变化学反应速率。例如采用加热的方法来加快化工生产的速度；在医药上，将胰岛素、球蛋白等生物制品放到冰箱里保存，以降低反应速率，避免变质。

4. 催化剂对化学反应速率的影响　催化剂是一种能改变其他物质的化学反应速率，而本身的组成、性质和质量在反应前后都不发生变化的物质。凡能加快化学反应速率的催化剂叫正催化剂，能减慢化学反应速率的催化剂叫负催化剂或阻化剂。通常所说的催化剂一般是指正催化剂，例如实验室用 $KClO_3$ 制取 O_2 时，用 MnO_2 作为催化剂，MnO_2 就是正催化剂。在 H_2O_2 中加入微量的焦磷酸钠是为了防止 H_2O_2 分解，焦磷酸钠就是负催化剂。

需要说明的是，催化剂只能改变反应速率，不能使不发生反应的物质之间发生反应。

 知识拓展

催化剂的选择性

催化剂的催化作用有严格的选择性，能适用于所有反应的催化剂是没有的。例如氢气和氧气生成水可用金属铂作为催化剂，氯酸钾受热分解放出氧气可用二氧化锰作为催化剂。

催化剂的选择性在生物化学中非常典型，生物体内的各种酶都具有催化活性，称为生物催化剂。例如淀粉酶能促进淀粉水解、蛋白酶能促进蛋白质水解。食草动物体内有纤维素酶，纤维素酶能促进纤维素水解。人体内虽有很多酶，但无纤维素酶，故人不能通过食用纤维素来获取能量。

二、化 学 平 衡

有些化学反应，反应物几乎都能够完全转化为生成物，但大多数化学反应，无论反应进行多长时间，反应物都不能完全转化为生成物，而是在反应物转化为生成物的同时，生成物又不断地转化为反应物。对于这样的反应，就是我们要讨论的化学平衡问题。

（一）可逆反应

在一定条件下，有些化学反应能进行到底，即反应物全部转化为生成物，而相反方向的反应则不能进行。这种只能向一个方向进行的反应称为不可逆反应。例如氢氧化钠与盐酸反应生成氯化钠和水就是不可逆反应：

$$NaOH + HCl = NaCl + H_2O$$

在同样条件下生成物氯化钠和水不可能逆向反应生成氢氧化钠和盐酸。但大多数化学反应是不能进行到底的，即同一条件下反应物能转化为生成物，同时生成物也能转化为反应物，两个相反方向的反应同时进行。如工业上合成 NH_3 的反应，是用 H_2 和 N_2 做原料，在高温高压下化合生成 NH_3，而在同一条件下生成的 NH_3 又有一部分重新分解为 H_2 和 N_2。

这种在同一条件下，既能向一个方向又能向相反方向进行的反应称为可逆反应。可逆反应化学方程式中用可逆符号 $\rightleftharpoons$ 代替 $=$。上述反应可表示为

$$N_2 + 3H_2 \rightleftharpoons 2NH_3$$

在可逆反应中，通常把从左向右进行的反应称为正反应；把从右向左进行的反应称为逆反应。

可逆反应的特点是：在密闭容器中反应不能进行到底，无论反应进行多久，反应物和生成物总是同时存在，反应物永远不会全部转化为生成物。

（二）化学平衡

1. 化学平衡概念　在合成 NH_3 的反应中，反应刚开始，密闭容器中只有 H_2 和 N_2，所以反应物浓度最大，正反应速率也最大，而 NH_3 的浓度为零，逆反应速率为零。随着反应的进行，N_2 和 H_2 不断消耗，浓度逐渐减小，正反应速率也相应地逐渐减小；同时由于 NH_3 的生成，NH_3 的浓度逐渐增大，逆反应速率也逐渐增大。当反应进行到一定程度时，N_2 和 H_2 合成 NH_3 的速率等于 NH_3 的分解速率，即正反应速率等于逆反应速率，如图4-2所示。

此时，N_2、H_2 和 NH_3 的浓度都保持不变，达到平衡状态。

如上所述，在一定条件下，可逆反应的正反应速率等于逆反应速率，反应物和生成物的浓度不再随时间而改变的状态，称为化学平衡。

化学平衡的主要特征如下：

（1）可逆反应仍在进行，且正反应速率等于逆反应速率。

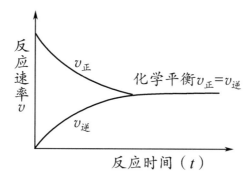

图 4-2　可逆反应与化学平衡

（2）反应物和生成物浓度各自保持恒定，不再随时间而改变。

（3）化学平衡是一种动态平衡，如果平衡体系的条件改变，原有的化学平衡就会被破坏，在新的条件下建立新的平衡。

2. 化学平衡常数　对于可逆反应达到平衡时，反应体系中的各物质浓度不再改变，此时的浓度称为平衡浓度。大量实验证明，在一定温度下，平衡体系中各物质平衡浓度并不相等，而是存在一定的关系。对于溶液中进行的可逆反应：

$$aA+bB \rightleftharpoons dD+eE$$

在一定温度下达到化学平衡时，平衡体系中各物质浓度间存在下列定量关系：

$$K_c=\frac{[D]^d[E]^e}{[A]^a[B]^b}$$

A、B、D、E 在平衡时的浓度分别用［A］、［B］、［D］、［E］表示，单位为 mol/L；上述关系式称为化学平衡常数表达式，K_c 为常数，称为化学平衡常数，简称平衡常数。它表示在一定温度下，某一个可逆反应在达到平衡时，生成物浓度的幂次方乘积与反应物浓度的幂次方乘积之比值是一个常数。

平衡常数的大小是可逆反应进行程度的标志，表示在一定温度下平衡体系中各平衡混合物相对浓度的大小。K_c 值越大，平衡混合物中生成物的相对浓度就越大，即反应进行的程度越大。

K_c 的大小与温度有关，而与浓度无关。

3. 化学平衡的移动　化学平衡是在一定条件下的动态平衡，一旦外界条件（浓度、压强、温度）发生改变，就会导致正、逆反应速率不再相等，旧的化学平衡被破坏，反应体系中反应物和生成物的浓度发生变化，经过一段时间的反应后，又可以建立新的化学平衡。在新的平衡条件下，各物质的浓度都已不是原来平衡时的浓度了。

像这种因反应条件的改变，使可逆反应从旧的平衡状态向新的平衡状态转变的过程，叫作化学平衡的移动。

在新的平衡状态下，如果生成物的浓度比原来平衡时的浓度增大了，平衡向正反应的方向移动（即向右移动）；如果反应物的浓度比原来平衡时的浓度增大了，平衡向逆反应方向移动（即向左移动）。

（三）影响化学平衡移动的因素

影响化学平衡移动的因素主要有浓度、压强、温度等。

1. 浓度对化学平衡的影响

 观察与思考

在一个烧杯中，加入 0.3mol/L $FeCl_3$ 溶液和 1mol/L KSCN 溶液各 5 滴，再加入 20ml 水稀释并摇匀。将此溶液分装于 4 支试管中，在第 1 支试管中加入 0.3mol/L $FeCl_3$ 溶液 3 滴，在第 2 支试管中加入 1mol/L KSCN 溶液 3 滴，在第 3 支试管加少许的 KCl 晶体，第 4 支试管作为对照，观察 4 支试管的颜色。

请思考：

1. 哪些试管中液体颜色变深？哪些试管中液体颜色变浅？
2. 解释上述颜色变化的原因。

通过上述实验，$FeCl_3$ 与 KSCN 反应产生血红色的 $K_3[Fe(SCN)_6]$，反应方程式如下：

$$FeCl_3 + 6KSCN \rightleftharpoons K_3[Fe(SCN)_6] + 3KCl$$
$$\text{血红色}$$

实验现象表明，加入 $FeCl_3$ 或 KSCN 后，试管中溶液的红色变深，即生成物 $K_3[Fe(SCN)_6]$ 的浓度增大；说明增大反应物的浓度，可使生成物的浓度增大，反应向生成物的方向进行。加入 KCl 晶体后，试管中溶液颜色变浅，即生成物 $K_3[Fe(SCN)_6]$ 的浓度减少；说明增大生成物的浓度，可使反应物的浓度增大，反应向反应物方向进行。

总之，在其他条件不变时，增大反应物的浓度或减小生成物的浓度，平衡向正反应方向移动（即向右移动）；增大生成物的浓度或减小反应物的浓度，平衡向逆反应方向移动（即向左移动）。

 知识拓展

临床上抢救危重病人时通常给病人输氧，以缓解症状，争取时间，达到治疗的目的。

人体血液中的血红蛋白（Hb）有输送氧的功能，它在肺部与氧结合成氧合血红蛋白（HbO_2），氧合血红蛋白随血液流经全身各组织，将氧气放出，供全身组织利用。

$$Hb + O_2 \rightleftharpoons HbO_2$$

这是一个化学平衡，当输氧时肺部氧气浓度增大，该平衡则因反应物氧气浓度的增大而向正反应方向移动，使氧合血红蛋白的量增多，促使其在组织中放出更多的氧气，满足危重病人对氧的需要,以此来缓解病人缺氧的症状。

2. 压强对化学平衡的影响　对于有气体物质参加的可逆反应,如果反应前后气体物质的分子数不相等,改变平衡体系的压强,则化学平衡就会移动。

 观察与思考

用注射器吸入少量的 NO_2 和 N_2O_4 混合气体,然后将注射针头插入橡皮塞中,如图 4-3 所示。

将注射器活塞往外拉,混合气体的颜色先变浅又逐渐变深;然后将注射器活塞向里推时,混合气体的颜色先变深又逐渐变浅。

请思考:

1. 将注射器活塞往外拉,混合气体的颜色先变浅又逐渐变深的原因是什么?

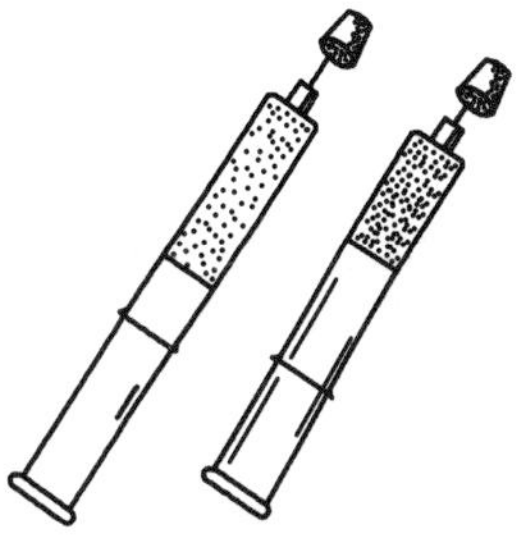

图 4-3　压强对化学平衡的影响

2. 将注射器活塞向里推时,混合气体的颜色先变深又逐渐变浅的原因是什么?

在上述案例中,红棕色的 NO_2 气体和无色的 N_2O_4 气体在一定条件下可达到化学平衡。

$$2NO_2(g) \rightleftharpoons N_2O_4(g)$$

红棕色　　无色

由此可以看出,反应前后气体分子数不相等。正反应是气体分子数减少的反应,逆反应是气体分子数增多的反应。

将注射器活塞往外拉,颜色先变浅的原因是针筒内 NO_2 和 N_2O_4 混合气体体积增大,导致 NO_2 浓度减小;而颜色又逐渐变深的原因是压强减小,生成更多 NO_2 的结果,表明化学平衡向逆反应方向移动(即气体分子数增多的方向移动)。

将注射器活塞往里推,颜色先变深的原因是针筒内 NO_2 和 N_2O_4 混合气体体积减小,导致 NO_2 浓度增大;而颜色又逐渐变浅的原因是压强增大,NO_2 减少,生成更多 N_2O_4 的结果,表明化学平衡向正反应方向移动(即气体分子数减少的方向移动)。

大量实践证明:对有气体物质参加的可逆反应,在其他条件不变的情况下,增大压强,化学平衡向着气体分子数减少的方向移动;减少压强,化学平衡向着气体分子数增多的方向移动。

有些可逆反应,例如:

$$CO + H_2O(g) \rightleftharpoons CO_2 + H_2$$

虽然有气体物质参加,可是反应前后气体物质分子总数相等,改变压强不会使化学平衡移动。

对于有固态或液态物质参加的可逆反应，由于改变压强对固态或液态物质体积的影响很小，所以改变压强，可以忽略不计固态或液态物质的体积。例如：

$$C(s)+CO_2 \rightleftharpoons 2CO$$

只需考虑气体CO_2和CO的体积，而不需考虑固态C的体积。

3. 温度对化学平衡的影响　化学反应的发生常常伴随着放热或吸热现象。放出热量的反应称为放热反应，吸收热量的反应称为吸热反应，对于可逆反应，如果正反应是放热反应，逆反应就一定是吸热反应。热量常用符号Q表示，放出热量用$+$表示；吸收热量用$-$表示。

观察与思考

将NO_2和N_2O_4的混合气体分盛在3个烧瓶里，编号。其中1号和2号烧瓶用一根橡皮管连通，用夹子夹住橡皮管，将1号烧瓶放进热水里，2号烧瓶放进冰水里，3号烧瓶放在常温下（图4-4）。

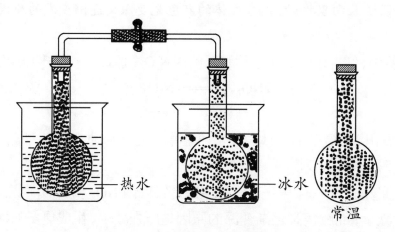

图4-4　温度对化学平衡的影响

观察1号、2号烧瓶里气体颜色的变化，并与常温下放置的3号烧瓶里的气体颜色进行比较。

请思考：

1. 放入热水中的1号烧瓶里气体颜色变深，原因是什么？
2. 放入冷水中的2号烧瓶里气体颜色变浅，原因是什么？

NO_2和N_2O_4的混合气体存在着如下化学平衡：

$$2NO_2(g) \rightleftharpoons N_2O_4(g)+Q$$

红棕色　　无色

实验结果表明,放入热水中的 1 号烧瓶里气体颜色变深,说明升高温度,NO_2 气体浓度增大,平衡向逆反应方向(吸热方向)移动。放入冰水中的 2 号烧瓶里气体颜色变浅,说明降低温度,NO_2 气体浓度减少,平衡向正反应方向(吸热方向)移动。

大量实验表明,在其他条件不变时,升高温度,化学平衡向吸热反应方向移动;降低温度,化学平衡向放热反应方向移动。

将浓度、压强、温度等外界条件对化学平衡的影响概括起来,可以得到一个普遍规律:任何已达平衡的体系,如果改变影响化学平衡的任一条件如浓度、压强或温度,平衡就向着减弱或消除这个改变的方向移动。这个规律称平衡移动原理,又称勒夏特列原理。

需要说明的是,对于可逆反应,催化剂能同等程度影响正反应和逆反应的速率,因此催化剂不能使化学平衡移动,但是加入催化剂,可以加快反应速率,提高生产效率。

章末小结

本章重点内容是氧化还原反应中氧化剂和还原剂的判断,影响化学反应速率的因素。

凡是发生电子转移的反应就是氧化还原反应。氧化还原反应的特征是反应前后元素的化合价发生变化,氧化还原反应的实质是化学反应中发生了电子的转移(得失或偏移)。

得到电子(化合价降低)的物质是氧化剂,氧化剂在反应中被还原。失去电子(化合价升高)的物质是还原剂,还原剂在反应中被氧化。

影响化学反应速率的外界因素:

(1)浓度:增大反应物的浓度,反应速率增大;减小反应物的浓度,反应速率减小。

(2)压强:增大压强,反应速率加快;减小压强,反应速率减慢。

(3)温度:升高温度,反应速率加快;降低温度,反应速率减慢。

(4)催化剂:加入催化剂,反应速率加快。

本章的难点是化学平衡常数和平衡移动原理。

在一定条件下,可逆反应的正反应速率等于逆反应速率,反应物和生成物的浓度不再随时间而改变的状态,称为化学平衡。化学平衡常数表达式为:

$$aA + bB \rightleftharpoons dD + eE$$

$$K_c = \frac{[D]^d [E]^e}{[A]^a [B]^b}$$

影响化学平衡移动的因素有:

(1)浓度:增大反应物的浓度或减小生成物的浓度,平衡向正反应方向移动(即向右移动);增大生成物的浓度或减小反应物的浓度,平衡向逆反应方向移动（即向左移动）。

（2）压强：增大压强，化学平衡向着气体分子数减少的方向移动；减少压强，化学平衡向着气体分子数增多的方向移动。

（3）温度：升高温度，化学平衡向吸热反应方向移动；降低温度，化学平衡向放热反应方向移动。

平衡移动原理：如果改变影响化学平衡的任一条件如浓度、压强或温度，平衡就向着减弱或消除这个改变的方向移动。

（林沁华）

 思考与练习

一、名词解释

氧化还原反应　　氧化剂　　还原剂　　可逆反应　　化学平衡

二、填空题

1. 在反应 $4HCl+MnO_2 \xlongequal{} MnCl_2+Cl_2\uparrow+2H_2O$，氧化剂是_____，还原剂是_____。

2. 在氧化还原反应中存在着元素化合价的_____，而且元素化合价的_____与元素化合价的_____相等。

3. 影响化学反应的外界因素有_____、_____、_____和_____。

4. 在氧化还原反应中，物质失去电子的反应称为_____，失去电子的物质称为_____；物质得到电子的反应称为_____，得到电子的物质称为_____。

三、简答题

1. 下列反应中，哪些是氧化还原反应？在氧化还原反应中，哪些物质是氧化剂？哪些物质是还原剂？

（1）$CaCO_3+2HCl \xlongequal{} CaCl_2+CO_2\uparrow+H_2O$

（2）$2KI+Br_2 \xlongequal{} 2KBr+I_2$

（3）$2Na+2H_2O \xlongequal{} 2NaOH+H_2\uparrow$

（4）$2KClO_3 \xlongequal{} KClO_2+KClO_4$

（5）$Cu+4HNO_3(浓) \xlongequal{} Cu(NO_3)_2+2NO_2\uparrow+2H_2O$

2. 配平下列氧化还原反应方程式

（1）$KMnO_4+HCl \longrightarrow KCl+MnCl_2+Cl_2\uparrow+H_2O$

（2）$FeSO_4+H_2SO_4+O_2 \longrightarrow Fe_2(SO_4)_3+H_2O$

3. 可逆反应 $2SO_2+O_2 \rightleftharpoons 2SO_3+Q$ 达到平衡时，如果①增加压强、②增加 O_2 的浓度、③减少 SO_3 的浓度、④升高温度、⑤加入催化剂，平衡向什么方向移动？

第五章 | 常见元素及其化合物

05章 数字资源

世界是由物质组成的，物质是由元素组成的。到目前为止，已经发现了 118 种元素，118 种元素组成了种类繁多的物质。本章我们学习几种与医药学有紧密联系的常见元素及其化合物。

第一节 常见非金属元素及其化合物

一、卤素及其化合物

元素周期表中第ⅦA族元素称卤族元素，简称卤素，它包括氟（F）、氯（Cl）、溴（Br）、碘（I）、砹（At）五种元素，其中砹是放射性元素。卤素在希腊原文中是成盐元素的意思，因为这些元素是典型的非金属元素，易与金属化合生成盐。

（一）卤素通性

卤素是活泼的非金属元素，其最外层电子数都是 7 个，具有相似的化学性质。卤素的原子结构及主要性质见表 5-1（砹除外）。

表 5-1 卤素的原子结构及主要性质

元素名称	氟	氯	溴	碘
元素符号	F	Cl	Br	I
原子序数	9	17	35	53

元素名称	氟	氯	溴	碘
电子层数	2	3	4	5
最外层电子数	7	7	7	7
主要化合价	-1	-1、+1、+3、+5、+7	-1、+1、+3、+5、+7	-1、+1、+3、+5、+7
原子半径/10^{-10}m	0.64	0.99	1.14	1.33
单质分子式	F_2	Cl_2	Br_2	I_2
单质颜色与状态	淡黄绿色气体	黄绿色气体	红棕色液体	紫黑色固体

从上表可知,卤素原子最外层都有 7 个电子,易得到 1 个电子形成 8 个电子的稳定结构,表现的化合价为 -1 价。此外,氯、溴、碘还有 +1、+3、+5、+7 价的化合物。卤素的原子结构与元素性质表现出一定的规律性:随着原子序数依次增大,电子层数逐渐增多,原子半径逐渐增大,得电子的能力逐渐减弱,非金属性逐渐减弱。

(二)卤素单质

1. 物理性质　卤素单质都是双原子分子,其主要物理性质见表 5-2。

表 5-2　卤素单质主要物理性质(常温)

单质	状态	颜色	密度/(g/cm^3)	沸点/℃	溶解度/(g/100g 水)
F_2	气体	淡黄色	1.690×10^{-3}	-188.1	反应
Cl_2	气体	黄绿色	3.214×10^{-3}	-34.6	0.983
Br_2	液体	红棕色	3.119	58.78	4.17
I_2	固体	紫黑色	4.93	184.4	0.029

从表 5-2 可以看出,随着原子序数的递增,卤素单质状态由气态→液态→固态,颜色逐渐加深,密度逐渐增大,沸点逐渐升高。

卤素单质都有刺激性气味,并有腐蚀性和毒性。除 F_2 外,卤素单质难溶于水,易溶于酒精、四氯化碳等有机溶剂。例如医药上消毒用的碘酊,就是碘的酒精溶液,现在碘酊已经被对皮肤刺激性小的碘伏取代。

碘在常压下加热,不经过熔化就直接变成紫色蒸气,这种固体物质不经过液态而直接转化为气态的现象,称为升华。碘蒸气在冷却时,也不经过液态就重新凝成固体,利用碘的这一特性,可以提纯碘。

2. 化学性质

(1)与金属反应:卤素单质都能与金属反应,生成金属卤化物。例如:

$$2Na+Cl_2 \xrightarrow{\text{点燃}} 2NaCl$$

（2）与氢气反应：卤素单质都能与氢气反应生成卤化氢，反应的剧烈程度按氟、氯、溴、碘的顺序依次减弱。例如：

$$H_2+F_2 \xrightarrow{\text{暗室}} 2HF$$

$$H_2+Cl_2 \xrightarrow{\text{光照}} 2HCl$$

$$H_2+Br_2 \xrightarrow{\text{加热}} 2HBr$$

$$H_2+I_2 \xrightarrow{\text{高温}} 2HI$$

卤化氢的水溶液称为氢卤酸。氢氯酸又称盐酸，除氢氟酸是弱酸外，其他都是强酸，其酸性强度按 $HCl \rightarrow HBr \rightarrow HI$ 的顺序依次增强。

盐酸属于挥发性强酸，人体胃酸的主要成分为盐酸，有促进食物消化和杀菌作用。

（3）与水反应：卤素单质都能与水反应，反应剧烈程度由 F_2 到 I_2 逐步减弱。氟与水发生剧烈反应，生成氟化氢和氧气。

$$2F_2+2H_2O =\!=\!= 4HF\uparrow+O_2\uparrow$$

氯气的水溶液称氯水，氯水中的氯气与水反应，生成氯化氢和次氯酸。

$$Cl_2 + H_2O =\!=\!= HCl + HClO$$

次氯酸（HClO）是一种强氧化剂，具有氧化、漂白和消毒作用。次氯酸不稳定，见光易分解放出氧气。

$$2HClO \xrightarrow{\text{光照}} 2HCl+O_2\uparrow$$

（4）与碱的反应：除 F_2 外，卤素单质与碱反应生成卤化物、次卤酸盐和水。例如：

$$Cl_2 +2NaOH =\!=\!= NaCl +NaClO +H_2O$$

$$2Cl_2 +2Ca(OH)_2 =\!=\!= CaCl_2 +Ca(ClO)_2 +2H_2O$$

次氯酸钠是 84 消毒液的主要成分，84 消毒液是一种高效消毒剂，广泛应用于宾馆、旅游场所、医院、食品加工行业、家庭等的卫生消毒；氯化钙和次氯酸钙的混合物叫作漂白粉，它的有效成分是次氯酸钙（别名漂白精）。漂白粉不仅用于棉、麻、纸浆的漂白，也广泛用于饮用水、游泳池、厕所等的消毒。

次氯酸盐不稳定，见光、受热、潮湿及酸性物质均能使其分解而失效。

（5）卤素间的置换反应：按照 Cl_2、Br_2、I_2 顺序，排在前面的卤素单质能够将排在后面的卤素单质从其金属卤化物中置换出来。例如：

$$Cl_2+2NaBr =\!=\!= 2NaCl+Br_2$$

$$Cl_2+2KI =\!=\!= 2KCl +I_2$$

$$Br_2+2KI =\!=\!= 2KBr+I_2$$

（6）碘与淀粉的反应：碘遇淀粉呈蓝色，利用这一性质，可以检验碘或淀粉的存在。

（三）卤素化合物

这里介绍几种医药上常见的金属卤化物。

1. 氯化钠（NaCl） 俗名食盐，纯的氯化钠是无色透明的晶体。氯化钠是人体正常生理活动不可缺少的物质，临床上用的生理盐水是 9g/L 的氯化钠溶液。

2. 氯化钾（KCl） 是无色晶体，农业上用作钾肥。医药上用于低钾血症的治疗，亦可用作利尿药。

3. 氯化钙（$CaCl_2$） 通常为含结晶水的无色晶体（$CaCl_2 \cdot 2H_2O$），无水氯化钙具有很强的吸水性，常用作干燥剂。医药上用于钙缺乏症，也可作为抗过敏药。

4. 溴化钠（NaBr） 是白色结晶性粉末，具有吸湿性，易潮解。医药上用作镇静剂。

5. 碘化钾（KI） 是白色晶体或结晶性粉末，具有微弱的吸湿性。医药上用于治疗甲状腺肿大，也是配制碘酊的助溶剂。

（四）卤离子的检验

大多数金属卤化物为白色晶体，易溶于水。除氟化银外，卤化银一般难溶于水，Cl^-、Br^-、I^- 与 $AgNO_3$ 溶液反应可生成难溶于水的不同颜色的沉淀，且该沉淀不溶于稀硝酸。利用这一特性检验卤离子。

$$Cl^- + Ag^+ == AgCl\downarrow \text{白色}$$
$$Br^- + Ag^+ == AgBr\downarrow \text{淡黄色}$$
$$I^- + Ag^+ == AgI\downarrow \text{黄色}$$

 知识拓展

碘缺乏对人体的危害

碘是人体必需的微量元素。人体内碘的量为 20~25mg，主要集中在甲状腺。甲状腺的功能是合成甲状腺素。甲状腺素的作用是促进人体（特别是未成年人）的新陈代谢和胎儿的生长发育，而碘正是人体合成甲状腺素所必需的原料。因此，人体缺碘就会造成甲状腺肿大，甲状腺激素合成减少，导致智力低下、身材矮小等，统称为碘缺乏病。它不是单一的一种疾病，而是一系列疾病、障碍的总称，会对人类健康造成极大的危害。碘缺乏病主要有：

（1）地方性甲状腺肿：在缺碘地区，不分性别、年龄都可能发生。人体缺碘造成甲状腺激素合成不足，分泌量减少，脑垂体促使甲状腺激素分泌增多，刺激甲状腺增强作业，久而久之，甲状腺细胞呈现活跃性的增生和肥大，从而导致了甲状腺肿的发生。

（2）呆小病：又称克汀病，是由于母体严重碘缺乏而影响了胎儿和哺乳期婴幼儿的大脑发育造成的。该病的临床表现：有程度不同的智力障碍、语言障碍和听力障碍，身体矮小，有的病人身高只有 60~70cm。面容特殊：头大、表情迟钝、眼间距宽、塌鼻梁、流涎等。

（3）成年人甲状腺功能低下：成人期甲状腺激素分泌不足，将会导致中枢神经系统兴奋性降低，常见语言表达和行动迟缓，记忆力减退，淡漠，终日嗜睡。

（4）孕妇缺碘可造成早产、死胎、畸形、新生儿甲状腺功能低下、单纯性聋哑及新生儿死亡率增高。

二、氧、硫及其化合物

氧（8号元素）、硫（16号元素）均属于元素周期表中第ⅥA族的氧族元素，是典型的非金属元素。氧是地壳中含量最多的元素，主要以氧化物和含氧酸盐的形式存在，在空气中氧气约占21%。硫元素在地壳中分布广泛，主要以单质和化合态两种形式存在于自然界中。

（一）氧及其化合物

1. 氧单质　氧单质有氧气和臭氧两种同素异形体。

（1）氧气（O_2）：是无色无味的气体，微溶于水，是维持生命最重要的能源。液态氧气呈蓝色。

氧气具有氧化性，能氧化金属、一些非金属、有机物、低价氧化物如CO、NO，以及一些还原性化合物如亚铁盐、碘化物、硫化物、亚硫酸盐等。

（2）臭氧（O_3）：常温常压下，臭氧为有鱼腥味的淡蓝色气体，液化后呈暗紫色，固体为紫色，与O_2为同素异形体，大气中臭氧层能吸收太阳光中的紫外线，是人类的保护伞。

2. 过氧化氢（H_2O_2）　纯的过氧化氢为淡蓝色黏稠的液体，能与水以任意比例混合，过氧化氢的水溶液俗称双氧水，含量为3%~30%。

过氧化氢的主要化学性质如下：

（1）不稳定性：过氧化氢不稳定，常温下分解缓慢，见光、遇热和遇酸、碱、重金属等可加速分解。纯的过氧化氢在加热或高温时容易分解而爆炸。

$$2H_2O_2 === 2H_2O + O_2\uparrow$$

因此，过氧化氢应保存在避光、低温的棕色瓶中。

（2）氧化还原性：H_2O_2既可作为氧化剂又可作为还原剂。过氧化氢在酸性介质中是强氧化剂，例如：

$$H_2O_2 + 2KI + 2HCl === 2KCl + I_2 + 2H_2O$$

当过氧化氢遇到更强的氧化剂，还可以作为还原剂。例如：

$$2KMnO_4 + 5H_2O_2 + 3H_2SO_4 === 2MnSO_4 + K_2SO_4 + 5O_2\uparrow + 8H_2O$$

过氧化氢水溶液具有消毒、防腐、漂白作用。临床上用3%的过氧化氢溶液清洗创口、治疗口腔炎等。

（二）硫及其化合物

1. 硫单质　纯净的硫是淡黄色晶体，俗称硫磺。单质硫不溶于水，微溶于酒精，易溶于CS_2、CCl_4等有机溶剂中。

硫的化学性质比较活泼,可与许多金属以及 H_2、O_2 等非金属反应。例如:

$$Fe+S \xrightarrow{\triangle} FeS$$

$$H_2+S \xrightarrow{\triangle} H_2S$$

$$O_2+S \xrightarrow{\triangle} SO_2$$

硫在医药上常用来制造硫磺软膏等,用以治疗皮肤病。

2. **硫化氢(H_2S)** H_2S 是硫的氢化物中最简单的一种。常温时硫化氢是一种无色、有臭鸡蛋气味的剧毒气体。硫化氢比空气重,能溶于水,其水溶液称为氢硫酸,氢硫酸是一种二元弱酸。

H_2S 的主要化学性质:

(1)**热稳定性**:H_2S 在 300℃ 左右分解。

$$H_2S \xrightarrow{\triangle} H_2+S$$

(2)**还原性**:H_2S 具有较强的还原性,很容易被 SO_2、Cl_2、O_2 等氧化剂氧化。例如:H_2S 在空气中点燃呈现蓝色火焰,生成二氧化硫和水。

$$2H_2S+3O_2 = 2SO_2+2H_2O$$

若空气不足或温度较低时则生成单质硫和水。

3. **硫酸** 纯硫酸是一种无色无味的油状液体,能以任意比例与水混溶。稀硫酸具有酸的通性,而浓硫酸还具有强烈的吸水性、脱水性和强氧化性等特性。

(1)**吸水性**:浓硫酸的吸水性是指浓硫酸分子与水作用形成硫酸水合物。浓硫酸不仅能吸收一般的游离态水(如空气中的水),还能吸收某些结晶水合物(如 $CuSO_4 \cdot 5H_2O$)中的水,因此浓硫酸常被用作干燥剂。

(2)**脱水性**:浓硫酸能按 2∶1 的比例夺取有机化合物分子中的氢和氧,从而使有机物发生碳化现象,这种作用称为浓硫酸的脱水性。例如在蔗糖里滴入几滴浓硫酸,一会儿蔗糖就会被脱水生成了黑色的炭(碳化)。

(3)**强氧化性**:稀硫酸不能与铜发生化学反应,但是浓硫酸可以与铜发生化学反应:

$$Cu+2H_2SO_4(浓) \xrightarrow{\triangle} CuSO_4+SO_2\uparrow+2H_2O$$

可以看出,反应中,浓 H_2SO_4 中 S 的化合价从 +6 降低到 +4 价,Cu 的化合价从 0 价升高到 +2 价,因此浓 H_2SO_4 是氧化剂,Cu 是还原剂。在这里,浓硫酸与铜发生了氧化还原反应。

当加热时,浓硫酸可以与除金、铂之外的所有金属反应,热的浓硫酸还可与碳、硫、磷等非金属单质发生氧化还原反应。

$$C+2H_2SO_4(浓) \xrightarrow{\triangle} CO_2\uparrow+2SO_2\uparrow+2H_2O$$

在常温下,浓硫酸与某些金属如铁、铝等接触,能够使金属表面生成一层致密的氧化物保护膜,阻止内部金属继续与浓硫酸起反应,这种现象称为金属的钝化。因此冷的浓硫酸可以用铁罐或者铝罐储运。

4. **硫酸盐**

(1)**硫酸钠(Na_2SO_4)**:含有 10 个结晶水的硫酸钠称为芒硝($Na_2SO_4 \cdot 10H_2O$),芒硝无

臭,味咸苦,在空气中易风化失去结晶水,无水硫酸钠中药名为玄明粉,可作为缓泻剂。

（2）硫酸锌（$ZnSO_4$）：含 7 个结晶水的硫酸锌称为皓矾（$ZnSO_4·7H_2O$），为无色晶体,临床上用作收敛剂。

（3）硫酸亚铁（$FeSO_4$）：含有 7 个结晶水的硫酸亚铁称为绿矾（$FeSO_4·7H_2O$），为淡绿色晶体,在临床上用作补血剂。

（4）明矾：分子式为 $KAl(SO_4)_2·12H_2O$，为无色透明晶体,无臭,味甜而涩,可用于水的净化。

（5）硫酸钙（$CaSO_4$）：含有 2 个结晶水的硫酸钙称为石膏（$CaSO_4·2H_2O$），通常为白色、无色晶体,石膏是一种用途广泛的工业材料和建筑材料。临床上用它做石膏绷带。

（6）胆矾（$CuSO_4·5H_2O$）：含 5 个结晶水的硫酸铜俗称胆矾、蓝矾,为半透明蓝色晶体,临床上常用作催吐解毒剂。

5. 硫酸根离子的检验　硫酸和硫酸盐溶于水后都能产生硫酸根离子（SO_4^{2-}）,可以利用 $BaSO_4$ 不溶于水和稀硝酸（或稀盐酸）的性质来检验 SO_4^{2-} 离子的存在。

$$Ba^{2+} + SO_4^{2-} === BaSO_4↓（白色）$$

尽管碳酸盐、亚硫酸盐、磷酸盐溶液遇可溶性钡盐溶液也会产生白色沉淀,但是碳酸钡、亚硫酸钡、磷酸钡等溶于稀硝酸,因此,用可溶性钡盐的溶液和稀硝酸或稀盐酸,可以检验 SO_4^{2-} 离子的存在。

 课堂问答

用化学方法鉴别 Na_2SO_4 和 Na_2CO_3。

三、氮及其化合物

氮位于元素周期表第 2 周期 VA 族, VA 族包括氮（N）、磷（P）、砷（As）、锑（Sb）、铋（Bi）五种元素,总称氮族元素。氮原子核外最外层电子数是 5 个,化合价主要为 −3、+3、+5。氮是重要的非金属元素。

（一）氮气（N_2）

N_2 是一种无色、无味、无毒的气体,氮气在空气中约占 78%。N_2 性质很稳定,常温下很难与其他物质发生反应。N_2 主要用于合成氨和制取硝酸。在临床上液氮广泛用作深度制冷剂,利用其挥发极度制冷的作用,将病灶内细胞迅速杀死,一般常用作寻常疣、鸡眼及皮肤病等的治疗。

（二）氨（NH_3）

氨是具有刺激性气味的无色气体,极易溶于水,通常将氨的水溶液称为氨水。氨易液化,液态的氨称为液氨。液态氨气化时要吸收大量的热,使周围温度急剧降低,因此液氨可作为制冷剂。

氨与水作用以氢键结合生成一水合氨（$NH_3 \cdot H_2O$）,$NH_3 \cdot H_2O$ 是弱电解质,能解离出少量 NH_4^+ 和 OH^-,所以氨水呈弱碱性,能使酚酞溶液变红色。

$$NH_3 + H_2O \rightleftharpoons NH_3 \cdot H_2O \rightleftharpoons NH_4^+ + OH^-$$

$NH_3 \cdot H_2O$ 很不稳定,受热容易分解,生成 NH_3 和 H_2O。

$$NH_3 \cdot H_2O \xdashrightarrow{\triangle} NH_3\uparrow + H_2O$$

（三）铵盐

铵盐是由铵离子（NH_4^+）和酸根组成的,一般为无色晶体,易溶于水,铵盐受热易分解,产物一般是氨气和相应的酸,例如：

$$NH_4HCO_3 \xdashrightarrow{\triangle} NH_3\uparrow + CO_2\uparrow + H_2O$$

$$NH_4Cl \xdashrightarrow{\triangle} NH_3\uparrow + HCl\uparrow$$

铵盐与强碱共热,都能产生有刺激性气味的氨气,氨气能使湿润的红色石蕊试纸变为蓝色,这是铵盐的共同性质,可以用这一特性检验 NH_4^+ 的存在。

$$NH_4Cl + NaOH \xdashrightarrow{\triangle} NaCl + NH_3\uparrow + H_2O$$

（四）硝酸

纯硝酸是易挥发、具有刺激性气味的无色的液体。硝酸具有强氧化性、不稳定性。

1. 硝酸的不稳定性　在光照或受热条件下,浓硝酸易发生分解产生 NO_2。

$$4HNO_3 \xdashrightarrow[或光照]{\triangle} 4NO_2\uparrow + O_2\uparrow + 2H_2O$$

因此硝酸通常保存在棕色试剂瓶内,并放在阴暗低温处。

2. 硝酸的氧化性　硝酸具有氧化性,几乎能与所有金属（金、铂等除外）和一些非金属发生氧化还原反应。

 观察与思考

取两支试管,分别加入 2ml 浓硝酸和 2ml 0.5mol/L 稀硝酸,再各放入一小片铜片。观察反应变化。

请思考：

1. 两支试管中各有何现象发生?

2. 两支试管中生成的气体各是什么?

实验结果表明,二者都能与铜发生反应,前者反应激烈,有红棕色 NO_2 气体产生,后者反应缓慢,有无色 NO 气体产生,且该气体在试管口又变成红棕色,说明 NO 在试管口

遇到 O_2 被氧化生成 NO_2。反应的化学方程式为：

$$Cu+4HNO_3（浓）=\!=\!=Cu（NO_3）_2+2NO_2\uparrow+2H_2O$$

$$3Cu+8HNO_3（稀）=\!=\!=3Cu（NO_3）_2+2NO\uparrow+4H_2O$$

$$NO+O_2=\!=\!=NO_2$$

冷的浓硝酸也能使铝、铁等金属发生钝化，因此常温下可用铝槽车储运浓硝酸。

浓硝酸和浓盐酸的混合物（体积比为 1：3）称为王水。它的氧化能力更强，能使一些不溶于硝酸的金属（如金、铂等）溶解。

硝酸是一种重要的化工原料，可以用来制造药物、塑料和染料等。

课堂问答

铜与硝酸反应生成的 NO_2 气体有毒，实训操作时应注意什么事项？

知识拓展

空气中污染物及防治措施

空气中主要污染物有硫的氧化物（SO_2、SO_3）、氮的氧化物（NO、NO_2）、一氧化碳等。空气中的污染物相互协同作用产生的二次污染，其危害性远大于污染物各自的作用。

空气中污染综合防治的主要措施有：①减少或防止污染物的排放，如改善能源结构、改进燃烧装置和燃烧技术，对燃料进行预处理等。②治理排放的主要污染物，利用除尘器、气体吸收塔及应用其他原理如物理的（冷凝）、化学的（催化转化）、和物理化学的（如分子筛、活性炭吸附、膜分离）方法回收废气中的有用物或使有害物质无害化。③发展植物净化，扩大绿地面积。

第二节　常见金属元素及其化合物

这里介绍最常见的几种金属：钠、铝、铁及其重要化合物。

一、钠及其化合物

（一）碱金属通性

碱金属元素位于周期表中第 IA 族，包括锂（Li）、钠（Na）、钾（K）、铷（Rb）、铯（Cs）、钫（Fr）六种元素。由于这些元素氢氧化物的水溶液显强碱性，故称为碱金属元素。钠、钾在生物学上具有重要意义，是动植物生命过程中必不可少的；锂、铷、铯为稀有金属，钫是放射性元素。

碱金属元素原子核外最外层电子数为 1，很容易失去 1 个电子变成 +1 价阳离子，因此它们都是典型的活泼金属。随着原子序数的增大，电子层数依次增多，原子半径逐渐增大，失电子能力逐渐增强，金属性逐渐增强。

碱金属的化学性质很活泼，在空气中易被氧化，易与卤素、硫等非金属反应，能与水发生剧烈反应，生成氢氧化物和氢气。例如：

$$2Na+2H_2O \!=\!=\!= 2NaOH+H_2\uparrow$$

$$2K+2H_2O \!=\!=\!= 2KOH+H_2\uparrow$$

因此，实验室中钠和钾常保存在中性、干燥的煤油或液体石蜡中。

（二）钠及其化合物

1. 钠的物理性质　钠位于元素周期表中第 3 周期 IA 族，性质活泼，在自然界中不存在游离态的钠，自然界中的钠均以化合态的形式存在。

钠密度为 $0.97g/cm^3$，比水轻，具有良好的导电性和导热性。钠的硬度较小，质软，切开可看到银白色的金属光泽。

2. 钠的化学性质　钠原子最外层只有 1 个电子，在化学反应中很容易失去，所以化学性质非常活泼，具有很强的金属性，在反应中是还原剂。

（1）钠与非金属的反应：常温下金属钠能与空气中的氧发生反应，生成白色氧化钠。

$$4Na+O_2 \!=\!=\!= 2Na_2O$$

钠在干燥的空气中充分燃烧生成淡黄色的过氧化钠。

$$2Na+O_2 \xrightarrow{\text{燃烧}} Na_2O_2$$

钠除了易与氧气反应外，还能与卤素、磷等非金属化合。

（2）钠与水的反应：

 观察与思考

在 100ml 的烧杯中，加水 20~30ml，用镊子取一小块金属钠，用滤纸将钠表面的煤油吸干，将钠放入水中，观察现象。

请思考：

1. 金属钠与水反应产物是什么？

2. 在反应液中滴入 1 滴酚酞，溶液为何变为红色？

钠与水发生剧烈反应生成氢氧化钠，放出氢气。

$$2Na+2H_2O \!=\!=\!= 2NaOH+H_2\uparrow$$

生成的氢氧化钠是强碱,能使酚酞显红色。

(3)钠离子的检验:某些活泼金属或它们的化合物在无色火焰中灼烧时使火焰呈现特殊颜色的反应称为焰色反应。钠离子的火焰为黄色,根据钠离子的焰色反应可以检验钠离子。常见活泼金属及金属离子的特征焰色见表5-3和图5-1。

表5-3　常见活泼金属及金属离子的特征焰色

元素名称	锂	钠	钾	铷	钙	钡	铁	钴	铜
焰色	紫红	黄	浅紫 (透过蓝色钴玻璃)	紫	砖红色	黄绿	无色	淡蓝	绿

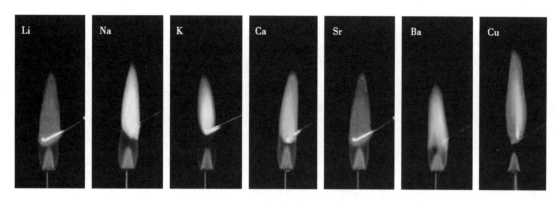

图5-1　焰色反应

课堂问答

为什么节日庆典燃放的烟花会呈现五颜六色?

3. 常见钠的化合物

(1)过氧化钠:过氧化钠(Na_2O_2)为淡黄色粉末,易吸潮,对热稳定。过氧化钠在室温下能与水或稀酸反应,生成过氧化氢(H_2O_2)。生成的过氧化氢易分解放出氧气。

$$Na_2O_2+2H_2O=\!=\!=2NaOH+H_2O_2$$

$$2H_2O_2=\!=\!=2H_2O+O_2\uparrow$$

过氧化钠与二氧化碳反应,生成碳酸钠,同时放出氧气。

$$2Na_2O_2+2CO_2=\!=\!=2Na_2CO_3+O_2\uparrow$$

因此,Na_2O_2可作供氧剂,用于防毒面具、潜水艇、高空飞行等的供氧。

(2)氢氧化钠:氢氧化钠(NaOH)又称烧碱、火碱、苛性碱等,是强碱,具有强腐蚀性。它能与酸、酸性氧化物、酸式盐反应,生成相应的盐和水。例如:

$$NaOH + HCl =\!=\!= NaCl + H_2O$$

$$2NaOH + CO_2 =\!=\!= Na_2CO_3 + H_2O$$

氢氧化钠一般使用塑料容器或者带橡皮塞的玻璃容器存放。因为氢氧化钠能与玻璃的主要成分 SiO_2 反应，生成的 Na_2SiO_3 粘结玻璃。

$$2NaOH + SiO_2 =\!=\!= Na_2SiO_3 + H_2O$$

 课堂问答

盛放氢氧化钠溶液的滴瓶口常有一层白色固体物质附着在滴管和瓶口之间，白色固体物质的成分是什么？

（3）碳酸钠与碳酸氢钠：碳酸钠（Na_2CO_3）俗名苏打、纯碱，白色粉末状固体。含 10 个结晶水的碳酸钠为无色晶体，结晶水不稳定，易风化，变成白色粉末 Na_2CO_3。碳酸钠为强电解质，具有盐的通性和热稳定性，易溶于水，其水溶液呈碱性。碳酸钠是基本化工原料之一，是玻璃、纺织、药品等的重要原料。临床检验上用碳酸钠配制本尼迪克特试剂（benedict reagent，曾称班氏试剂），用于检验尿液中的葡萄糖。碳酸氢钠（$NaHCO_3$）俗名小苏打，白色细小晶体，溶解度小于碳酸钠。固体碳酸氢钠受热分解生成碳酸钠、二氧化碳和水。利用这一反应可以鉴别碳酸钠和碳酸氢钠。

$$2NaHCO_3 \xrightarrow{\triangle} Na_2CO_3 + CO_2\uparrow + H_2O$$

碳酸氢钠溶于水呈弱碱性，是临床上常用的抗酸药，用于治疗酸中毒等疾病。

二、铝及其化合物

铝（Al）是元素周期表中第 3 周期ⅢA 族元素，在地壳中含量仅次于氧和硅，位居第三位，是含量最多的金属元素。

（一）铝的性质

铝是一种银白色的轻金属，密度为 $2.70g/cm^3$。由于铝的密度小，因此铝和铝合金广泛用于航天工业。

铝具有良好的延展性、导电性和导热性，医药上铝箔广泛用于药品片剂、胶囊剂的包装等。

铝原子核外最外层电子有 3 个，在化学反应中较易失去变成 +3 价的阳离子。铝的化学性质比较活泼，能与非金属、酸、碱和水等反应。例如：

$$2Al + 6HCl =\!=\!= 2AlCl_3 + 3H_2\uparrow$$

$$2Al + 2NaOH + 2H_2O =\!=\!= 2NaAlO_2 + 3H_2\uparrow$$

（二）铝的重要化合物

1. 氧化铝（Al_2O_3）　氧化铝是白色粉末，不溶于水。它的熔点较高，是一种耐火材料。活性氧化铝有良好的吸附性和较大的表面积，广泛用于色谱分析中的吸附剂。

自然界中存在的刚玉是无色透明而又坚硬的 Al_2O_3 晶体，硬度仅次于金刚石。通常说的宝石就是刚玉，如红宝石（含铬）、蓝宝石（含铁或钛）等。

氧化铝是两性氧化物，既能与酸反应，也能与强碱反应。

$$Al_2O_3+6HCl\!=\!\!=\!\!=\!2AlCl_3+3H_2O$$

$$Al_2O_3+2NaOH\!=\!\!=\!\!=\!2NaAlO_2+H_2O$$

2. 氢氧化铝 [$Al(OH)_3$]　氢氧化铝是白色粉末，不溶于水。它和氧化铝一样，是两性化合物，$Al(OH)_3$ 遇强酸显示碱性，遇强碱则显示酸性。

$$2Al(OH)_3+3H_2SO_4\!=\!\!=\!\!=\!Al_2(SO_4)_3+6H_2O$$

$$Al(OH)_3+NaOH\!=\!\!=\!\!=\!NaAlO_2+2H_2O$$

$Al(OH)_3$ 能溶解在盐酸和强碱溶液中，但是不能溶解在氨水中。因此可以用氨水检验 Al^{3+}。

$$AlCl_3+3NH_3 \cdot H_2O\!=\!\!=\!\!=\!Al(OH)_3\!\downarrow+3NH_4Cl$$

三、铁及其化合物

铁（Fe）位于元素周期表中第 4 周期第Ⅷ族。在自然界中铁的含量仅次于铝，占地壳元素总量的 4.2%。铁是人体的必需微量元素。

（一）铁的性质

纯铁是银白色带有金属光泽的金属，粉末状时呈黑色，密度是 $7.86g/cm^3$，熔点 1 535℃，沸点 2 750℃。铁质地坚韧，延展性好，有良好的导热、导电性。

铁在化学反应中能够失去 2 个电子，生成 +2 价的亚铁离子，也能失去 3 个电子生成 +3 价的铁离子。铁是比较活泼的金属，能与氧、硫、卤素等非金属单质反应，也能与水、酸、盐等发生化学反应。

（二）铁的重要化合物

1. 铁的氧化物　铁的氧化物主要有氧化亚铁（FeO）、三氧化二铁（Fe_2O_3）和四氧化三铁（Fe_3O_4）。铁的氧化物一般能溶于酸性溶液中，但不溶于水或碱性溶液中。Fe_3O_4 又称为磁性氧化铁。

铁的氧化物与酸反应生成盐和水。例如：

$$Fe_2O_3+6HCl\!=\!\!=\!\!=\!2FeCl_3+3H_2O$$

2. 铁的氢氧化物　铁的氢氧化物有氢氧化亚铁 $Fe(OH)_2$ 和氢氧化铁 $Fe(OH)_3$，均难溶于水。$Fe(OH)_2$ 是白色粉末，极易被空气中的氧气氧化变成灰绿色，继续被氧化则变成红棕色的 $Fe(OH)_3$。

3. 亚铁盐和铁盐

（1）硫酸亚铁：硫酸亚铁中铁为 +2 价，容易失去 1 个电子而被氧化为 +3 价的铁离子，所以硫酸亚铁有还原性。亚铁盐在空气中不稳定，接触空气易被氧化为铁盐，即从浅绿色的 +2 价亚铁盐变为黄褐色的 +3 价铁盐。

亚铁离子有还原性，而铁离子有氧化性，在一定条件下，二者可以相互转化。例如，在铁单质的存在下，铁离子能被还原为亚铁离子。

$$2Fe^{3+}+Fe=\!=\!=3Fe^{2+}$$

实验室里配制氯化亚铁溶液时，应放入几枚铁钉，防止亚铁离子被氧化。

（2）氯化铁（$FeCl_3$）：易溶于水，在空气中易潮解，从水中析出时，带有一定数目的结晶水（$FeCl_3 \cdot 6H_2O$）。无水三氯化铁临床上用作伤口的止血剂。

4. Fe^{3+} 的检验

观察与思考

取 2 支试管，分别加入 2ml $FeCl_3$ 溶液和 $FeCl_2$ 溶液，再各滴入 5 滴 KSCN 溶液。

请思考：

2 支试管中实验现象有何不同？红色物质是什么？

实验结果表明，$FeCl_3$ 溶液遇无色的 KSCN 溶液变成红色，而 $FeCl_2$ 溶液不变颜色，可以利用这一反应检验 Fe^{3+} 的存在。

$$FeCl_3+6KSCN=\!=\!=K_3[Fe(SCN)_6]+3KCl$$
$$\quad 无色 \qquad\qquad 红色$$

课堂问答

如何鉴别 Fe^{2+} 与 Fe^{3+}？

知识拓展

化学元素与人体健康

化学元素按照在人体内的含量多少，可分为宏量元素及微量元素两类。

人体中的宏量元素也叫常量元素，是指含量占人体总重量万分之一以上的元素，共有氧（O）、碳（C）、氢（H）、氮（N）、钙（Ca）、磷（P）、硫（S）、钾（K）、钠（Na）、氯（Cl）、镁（Mg）11 种元素，约占体重的 99.95%。其中碳、氢、氧、氮 4 种元素占人体总重量的 96% 以上，这 11 种宏量元素均为人体必需元素。在人体必需元素中，碳、氢、氧、氮、硫和磷是组成人体的主要元素，它们是蛋白质、核酸、糖类和脂类的组成成分，是生命体的物质基础。

微量元素是指人体内含量少于体重万分之一的元素，其中必需微量元素是生物体不可缺少的元素。目前，已被确认与人体健康和生命有关的必需微量元素有铁、铜、锌、钴、锰、铬、硒、碘、镍、氟、钼、钒、锡、硅、锶、硼、铷、砷等。这些必需微量元素，虽然在人体内的含量不多，约占体重的 0.05%，但能量大，在维持人类健康中起基础性的作用。

另外一些则是能够显著毒害有机体的元素，如铅、镉、汞、铊等，叫作有害元素或有毒元素。这些重金属对环境的污染问题已日益引起人们的重视。

当人体中任何一种必需的微量元素缺乏时，人体就会处于生理生化上的不正常状态。而当人体对某种必需微量元素的摄入量超过了肾和肠的排泄能力时，该元素就会在体内积蓄，则不论该元素在适量时对于生命有多么重要，也会对组织细胞、某脏器或对某系统产生毒害，甚至引起严重的疾病，这时必需元素就转变成了有害元素，会使人处于病理状态，严重时则有致命的危险。例如，人体中的硒元素含量低于 0.000 01% 时，会导致肝坏死和心肌病；若高于 0.001% 时，则使人体中毒，甚至致癌；再如，铁缺乏时会引起贫血，而过量摄入铁可导致青年智力发育缓慢、肝硬化，甚至诱发肿瘤等。

章末小结

本章重点是常见元素及其化合物的性质。主要内容包括：

1. 卤素及其化合物　主要介绍氯气及其化合物如盐酸、次氯酸、漂白粉等化合物的性质和应用。

2. 氧、硫及其化合物　主要介绍氧气、过氧化氢、硫酸等化合物的性质和应用。

3. 氮及其化合物　主要介绍氮气、硝酸、氨、铵盐等的性质与应用。

4. 钠及化合物　主要介绍钠、氢氧化钠及钠盐的有关性质与应用。

5. 铝及其化合物　主要介绍铝、氧化铝、氢氧化铝的性质及应用。

6. 铁及其化合物　主要介绍铁、氧化铁、氢氧化铁及铁盐的有关性质及应用。

（李　曼　蔡德昌）

思考与练习

一、填空题

1. 氯气是_____有刺激性气味的_____气体，氯气的水溶液俗称_____，具有漂白作用。

2. 碳酸钠俗称_____，其水溶液显_____；碳酸氢钠俗称_____，其水溶液显_____。

二、简答题

1. 漂白粉长期暴露在空气中为什么会失效？

2. 如何存放氢氧化钠固体或溶液？

三、鉴别下列各组物质

1. $NaCl$、$NaBr$、KI

2. Na_2SO_4、Na_2CO_3

3. $NaCl$、KCl

4. Al^{3+}、Fe^{3+}

第六章 | 电解质溶液

06章 数字资源

学习目标

1. **掌握** 强电解质与弱电解质的概念；溶液的酸碱性与 pH 的关系；离子反应、离子方程式和离子反应发生的条件；盐的类型。
2. **熟悉** 弱电解质的解离平衡；同离子效应；水的解离与溶液酸碱性；盐溶液的酸碱性。
3. **了解** 盐的水解在医学上的意义。

在水溶液里或熔化状态下能导电的化合物叫作电解质，其水溶液称为电解质溶液。常见的酸碱盐是电解质，如 HCl、CH_3COOH、$NaOH$、$NH_3 \cdot H_2O$、$NaCl$ 等。在水溶液和熔化状态下都不能导电的化合物叫作非电解质，如酒精、葡萄糖等是非电解质。很多电解质离子是维持体液渗透平衡和酸碱平衡的重要成分，与人体的许多生理及病理现象有着密切的关系。因此，掌握电解质的有关知识是学好医学检验专业所必需的。

第一节 电 解 质

 观察与思考

把浓度都为 0.1mol/L 的等体积的盐酸溶液、醋酸溶液、氢氧化钠溶液、氨水、氯化钠溶液、葡萄糖溶液分别进行导电性试验，观察灯泡发光的情况。

请思考：

1. 6 个灯泡是否都能亮起来？
2. 6 个灯泡明亮程度是否一致？

实验结果表明,葡萄糖溶液连接的灯泡不亮,因为它是非电解质,在水溶液里不能导电;其他溶液连接的灯泡都亮了,因为它们是电解质,在水溶液里能导电,但是亮度不同,其中盐酸溶液、氢氧化钠溶液、氯化钠溶液连接的灯泡较亮,醋酸溶液、氨水的灯泡亮度较弱,说明它们的导电能力不同。

电解质溶液导电,是由于电解质溶液中有自由移动的阴、阳离子。电解质导电能力的强弱与溶液中自由移动的离子浓度有关。自由移动的离子浓度越大,溶液的导电能力越强;反之,导电能力就越弱。而溶液中自由移动离子浓度的多少是由电解质的解离程度决定的。

一、强电解质和弱电解质

根据电解质的解离程度不同,可将电解质分为强电解质和弱电解质。

(一)强电解质

在水溶液中能全部解离成阴、阳离子的电解质称为强电解质。强酸(如 HCl、HNO_3、H_2SO_4)、强碱(如 $NaOH$、KOH)、大多数的盐(如 $NaCl$、KCl、$NaHCO_3$)等都是强电解质。

强电解质的解离是不可逆的,在水溶液中全部以离子形式存在,其解离方程式通常用"$=\!=$"来表示。例如:

$$HCl =\!= H^+ + Cl^-$$
$$NaOH =\!= Na^+ + OH^-$$
$$NaCl =\!= Na^+ + Cl^-$$

(二)弱电解质

在水溶液中只能部分解离成离子的电解质称弱电解质,弱酸(如 CH_3COOH、H_2CO_3)、弱碱(如 $NH_3 \cdot H_2O$)和少数盐类(如 $HgCl_2$)都是弱电解质。

在弱电解质溶液中,弱电解质分子解离成离子的同时,离子又相互结合成分子,其解离过程是可逆的,解离方程式通常用"$\rightleftharpoons$"表示。例如:

$$NH_3 \cdot H_2O \rightleftharpoons NH_4^+ + OH^-$$
$$CH_3COOH \rightleftharpoons H^+ + CH_3COO^-$$

二、弱电解质的解离平衡

(一)解离平衡

弱电解质的解离是一个可逆的过程,例如 CH_3COOH 的解离。

$$CH_3COOH \rightleftharpoons H^+ + CH_3COO^-$$

正反应是 CH_3COOH 解离成为 H^+ 和 CH_3COO^-,逆反应是 H^+ 和 CH_3COO^- 结合成 CH_3COOH。在一定温度下,当正反应和逆反应进行到一定程度,正反应速率和逆反应速率相等时,CH_3COOH、H^+ 和 CH_3COO^- 的浓度不再随时间而改变,整个体系达到平衡状态,我们称该反应达到了解离平衡状态。

在一定条件下,当弱电解质分子解离成离子的速率和离子重新结合成弱电解质分子的速率相等时,解离过程即达到动态平衡,称为弱电解质的解离平衡。

解离平衡是化学平衡的一种类型,服从化学平衡规律。

(二)解离常数

在一定温度下,当弱电解质达到解离平衡状态时,未解离的弱电解质分子浓度和已解离出来的各离子浓度不再改变。此时,已解离的各种离子浓度幂的乘积与未解离的分子浓度的比值是一常数,称为解离常数,用 K_i 表示。例如:

$$CH_3COOH \rightleftharpoons H^+ + CH_3COO^-$$

其解离常数表达式为:

$$K_i = \frac{[H^+][CH_3COO^-]}{[CH_3COOH]}$$

K_i 的大小反映了弱电解质在水中解离程度的大小。K_i 越大,则解离程度越大,该弱电解质越易发生解离;K_i 越小,则解离程度越小,该弱电解质越难发生解离。

一般弱酸的解离常数用 K_a 表示,弱碱的解离常数用 K_b 表示。在一定条件下,K_a 越大,表示弱酸的酸性越强;K_b 越大,表示弱碱的碱性越强。

解离常数与弱电解质的本性和温度有关,与弱电解质溶液的浓度无关。几种常见的弱电解质的解离常数见书后附录四。

(三)解离度

弱电解质解离程度的大小除了用解离常数表示外,也可用解离度来表示。解离度是指弱电解质达到解离平衡时,已解离的电解质分子数占解离前溶液中电解质分子总数的百分数。解离度通常用 α 表示:

$$\alpha = \frac{已解离的弱电解质的分子数}{弱电解质的分子总数} \times 100\%$$

例如:25℃时,在 0.1mol/L 的醋酸溶液中,每 10 000 个醋酸分子中有 132 个分子解离。醋酸的解离度是:

$$\alpha = \frac{132}{10\ 000} \times 100\% = 1.32\%$$

不同的弱电解质,其解离度不同。电解质越弱,解离度越小。因此我们也可以用解离度的大小来比较弱电解质的相对强弱。几种常见酸、碱、盐的解离度见表 6-1。

表 6-1　几种酸、碱、盐的解离度(18℃,0.10mol/L)

电解质	分子式	解离度 α/%	电解质	分子式	解离度 α/%
盐酸	HCl	92	氢氧化钠	NaOH	91
硝酸	HNO₃	92	氢氧化钾	KOH	91

电解质	分子式	解离度 α/%	电解质	分子式	解离度 α/%
硫酸	H_2SO_4	61	氨水	$NH_3 \cdot H_2O$	1.3
磷酸	H_3PO_4	27	氯化钠	$NaCl$	84
碳酸	H_2CO_3	0.17	醋酸钠	CH_3COONa	79
醋酸	CH_3COOH	1.34	硝酸银	$AgNO_3$	81

弱电解质解离度的大小，主要取决于弱电解质的本性，同时也与溶液的浓度、温度等条件有关。因此，讨论弱电解质的解离度时必须指明溶液的浓度及温度。

三、同离子效应

 观察与思考

取试管 1 支，加入 1mol/L 氨水 2ml，再加酚酞试液 1 滴，振摇混匀后分装到两支试管中，向其中的一支试管中加入少量氯化铵固体，振摇使之溶解。

请思考：

1. 氨水中加入酚酞振摇后，出现什么颜色变化？

2. 加入少量氯化铵固体的试管中颜色有何变化？

实验结果表明，在氨水中滴加酚酞，溶液因呈碱性而显红色，加入固体氯化铵后，溶液红色变浅，说明氨水溶液的碱性减弱，即 OH^- 的浓度减少。造成这种现象的原因是氯化铵是强电解质，在溶液里完全解离，溶液中 NH_4^+ 的浓度增大，解离平衡向左移动，即向生成氨水的方向移动，从而降低了氨水的解离度，溶液中的 OH^- 浓度减少，碱性减弱。这一过程表示如下：

$$NH_3 \cdot H_2O \rightleftharpoons NH_4^+ + OH^-$$
$$NH_4Cl \Longrightarrow NH_4^+ + Cl^-$$

同理，向氨水中加入氢氧化钠，解离度也会降低。

在弱电解质溶液中，加入与弱电解质具有相同离子的强电解质，使弱电解质解离度降低的现象，称为同离子效应。

同离子效应在分析化学中可用来控制溶液中某种离子的浓度，也可用于缓冲溶液的配制。

在醋酸溶液中,分别加入盐酸、氢氧化钠、醋酸钠溶液,解离平衡向哪个方向移动? 其中哪种情况能产生同离子效应?

第二节　溶液的酸碱性

一、水的解离

（一）水的解离平衡

水是极弱的电解质,只能解离出极少量的 H^+ 和 OH^-,它的解离方程式是:

$$H_2O \rightleftharpoons H^+ + OH^-$$

根据实验测定,25℃时,1L 纯水中仅有 1×10^{-7} mol/L 水分子发生解离,因此纯水中 $[H^+]=[OH^-]=1 \times 10^{-7}$ mol/L。

（二）水的离子积常数

根据化学平衡原理,水的解离常数表达式为:

$$K_i = \frac{[H^+][OH^-]}{[H_2O]}$$

即　　　　　　　　　　$K_i[H_2O]=[H^+][OH^-]$

一定温度下,K_i 是常数,$[H_2O]$ 也可看成常数,所以 $K_i[H_2O]$ 仍为常数,用 K_w 表示。

$$K_w=[H^+][OH^-]$$

K_w 称为水的离子积常数,简称水的离子积。

25℃时,$K_w=[H^+][OH^-]=10^{-7} \times 10^{-7}=1.0 \times 10^{-14}$,即 $K_w=1.0 \times 10^{-14}$。

不仅在纯水中,就是在任何酸性或碱性稀溶液中,$[H^+]$ 和 $[OH^-]$ 的乘积都是常数,室温下都为 1.0×10^{-14}。只要知道 $[H^+]$,就可利用 K_w 求得 $[OH^-]$,反之亦然。

二、溶液的酸碱性和 pH

（一）溶液的酸碱性与 H^+ 浓度的关系

溶液的酸碱性是由 $[H^+]$ 和 $[OH^-]$ 的相对大小决定的。在任何水溶液中,都同时含有 H^+ 和 OH^-,而且 $[H^+][OH^-]=K_w$。室温下溶液的酸碱性与 $[H^+]$ 和 $[OH^-]$ 的关系如下:

中性溶液　$[H^+]=1.0 \times 10^{-7}$ mol/L$=[OH^-]$

酸性溶液　$[H^+] > 1.0 \times 10^{-7}$ mol/L $> [OH^-]$

碱性溶液　$[H^+] < 1.0 \times 10^{-7}$ mol/L $< [OH^-]$

［H⁺］越大，溶液的酸性越强；［OH⁻］越大，溶液的碱性越强。在酸性溶液里不是没有OH⁻，在碱性溶液里也不是没有H⁺，只是二者的浓度相对多少而已。

（二）pH 的计算

溶液的酸碱性习惯用［H⁺］来表示。但当溶液中［H⁺］浓度很小时，如血清中［H⁺］为 3.98×10^{-8} mol/L，数值太小，用［H⁺］表示溶液酸碱性很不方便，常采用 pH 来表示溶液的酸碱性。

pH 是氢离子浓度的负对数，即

$$pH = -\lg[H^+]$$

又因为 25℃时，$K_w = [H^+][OH^-] = 10^{-7} \times 10^{-7} = 1.0 \times 10^{-14}$

$$-\lg K_w = -\lg[H^+][OH^-]$$

即

$$pK_w = pH + pOH = 14$$

利用以上公式可计算各类溶液的 pH。

1. 强酸溶液　强酸是强电解质，在水中完全解离成离子，可以根据解离方程式得知溶液的［H⁺］，然后由［H⁺］计算 pH。

例 6-1　求 0.1mol/L 盐酸溶液的 pH。

解：∵ $HCl = H^+ + Cl^-$

∴ $[H^+] = C_{HCl} = 0.1$ mol/L

$pH = -\lg[H^+] = -\lg 0.1 = 1$

2. 强碱溶液　可根据强碱溶液的解离方程式求得溶液的［OH⁻］，再通过公式［H⁺］［OH⁻］$=K_w$ 获得溶液的［H⁺］，再求 pH。

例 6-2　求 0.1mol/L 氢氧化钠溶液的 pH。

解：∵ $NaOH = Na^+ + OH^-$

∴ $[OH^-] = C_{NaOH} = 0.1$ mol/L

$$[H^+] = \frac{K_w}{[OH^-]} = \frac{1 \times 10^{-14}}{0.1} = \frac{1 \times 10^{-14}}{1 \times 10^{-1}} = 1 \times 10^{-13} \text{mol/L}$$

$pH = -\lg[H^+] = -\lg 1 \times 10^{-13} = 13$

（三）溶液的酸碱性与 pH 的关系

溶液的酸碱性与溶液的 pH 关系如下：

中性溶液　　　　　pH=7

酸性溶液　　　　　pH<7

碱性溶液　　　　　pH>7

pH 越小，溶液的酸性越强；pH 越大，溶液的碱性越强。

pH 的适用范围在 0~14 之间，对应的 H⁺ 浓度在 1mol/L~1.0×10^{-14}mol/L 之间。超过这一范围，用 pH 表示溶液的酸碱性反而不如直接用［H⁺］或［OH⁻］表示方便。

［H⁺］与 pH 对应关系见表 6-2。

表 6-2 [H⁺] 和 pH 的对应关系

[H⁺]	10^0	10^{-1}	10^{-2}	10^{-3}	10^{-4}	10^{-5}	10^{-6}	10^{-7}	10^{-8}	10^{-9}	10^{-10}	10^{-11}	10^{-12}	10^{-13}	10^{-14}
pH	0	1	2	3	4	5	6	7	8	9	10	11	12	13	14

（四）酸碱指示剂

酸碱指示剂是一些在不同 pH 溶液中能显示不同颜色的化合物，多为有机弱酸或弱碱。

通常把指示剂由一种颜色过渡到另一种颜色时，溶液 pH 的变化范围称指示剂的变色范围。石蕊指示剂由红色变为蓝色时，溶液的 pH 由 5.0 变化到 8.0，则石蕊的变色范围是 pH 为 5.0~8.0。不同的指示剂有不同的变色范围，通常指示剂的变色范围是由实验测定的。常见酸碱指示剂的变色范围见表 6-3。

表 6-3 常见酸碱指示剂

名称	变色范围（pH）	颜色变化
酚酞	8.0~10.0	无色~红色
石蕊	5.0~8.0	红色~蓝色
甲基橙	3.1~4.4	红色~黄色
甲基红	4.4~6.2	红色~黄色
溴麝香草酚蓝	6.2~7.6	黄色~蓝色
溴酚蓝	3.0~4.6	黄色~蓝紫色
麝香草酚酞	9.4~10.6	无色~蓝色
中性红	6.8~8.0	红色~黄色

利用指示剂可以粗略地测出溶液的 pH。

需要精确测定溶液的 pH 时，可以使用酸度计。

（五）pH 在医学上的意义

pH 在医学上很重要，健康人体液 pH 必须维持在一定的范围内。如果体液 pH 超越正常范围，就会导致生理功能失调而生病。例如正常人血液的 pH 总是维持在 7.35~7.45 之间，医学上把血液 pH 小于 7.35 叫酸中毒，pH 大于 7.45 叫碱中毒。血液 pH 偏离正常范围 0.4 个单位以上就会有生命危险，必须采取适当的措施将 pH 纠正过来。

第三节 离子反应

一、离子反应和离子方程式

（一）离子反应和离子方程式的概念

由于电解质在溶液中能够解离成离子，所以电解质在溶液中反应的实质是离子间的反应。

例如氯化钠溶液与硝酸银溶液的反应。

$$NaCl+AgNO_3 \!=\!=\!= AgCl\downarrow+NaNO_3$$

如果把易溶的、易解离的物质写成离子形式，把难溶的、难解离的物质或气体用分子式表示，可写成下式：

$$Na^++Cl^-+Ag^++NO_3^- \!=\!=\!= AgCl\downarrow+Na^++NO_3^-$$

从上式可以看出，反应前后 Na^+ 和 NO_3^- 没有变化，把它们从反应式两边删去。上式变为：

$$Cl^-+Ag^+ \!=\!=\!= AgCl\downarrow$$

上式表明，氯化钠溶液与硝酸银溶液反应，实际参加反应的离子是 Ag^+ 和 Cl^-。这种凡是有离子参加的化学反应称为离子反应。

氯化钾与硝酸银、盐酸与硝酸银等的反应都可以用上述方程式表示。它们之间的反应实质上是 Cl^- 和 Ag^+ 结合生成 $AgCl$ 沉淀。

我们把用实际参加化学反应的离子符号来表示离子反应的式子称为离子方程式。

离子方程式与一般化学方程式不同，它不仅能表示一定物质间的某个具体反应，而且还能表示同一类型的反应。

（二）离子方程式的书写步骤

以碳酸钠与盐酸溶液反应为例说明书写离子方程式的步骤。

1. 写出反应的化学方程式并配平。

$$Na_2CO_3 +2HCl \!=\!=\!= 2NaCl + CO_2\uparrow+H_2O$$

2. 将化学方程式中易溶的强电解质写成离子形式，难溶物质、难解离的物质（弱电解质、水等）、气体等仍以化学式表示。

$$2Na^++CO_3^{2-}+2H^++2Cl^- \!=\!=\!= 2Na^++2Cl^-+CO_2\uparrow+H_2O$$

3. 删除方程式两边相同的离子。

$$CO_3^{2-}+2H^+ \!=\!=\!= CO_2\uparrow+H_2O$$

4. 检查方程式两边原子个数和电荷数是否相等。

$$CO_3^{2-}+2H^+ \!=\!=\!= CO_2\uparrow+H_2O$$

二、离子反应发生的条件

离子反应最常见的是复分解反应,即两种电解质在溶液中相互交换离子的反应,此类离子反应发生的条件是:

1. 生成难溶于水的物质　例如难溶性 $AgCl$、$BaSO_4$、AgI 等。
2. 生成难解离的物质　例如弱酸、弱碱及水。
3. 生成挥发性的物质　如气体 CO_2、NO_2 等。

除了复分解反应外,离子反应还包括其他类型的反应,如置换反应、氧化还原反应等,例如:

$$Cl_2 + 2I^- == 2Cl^- + I_2$$

在这里,单质写成分子的形式。

 课堂问答

写出下列反应的离子方程式:

1. 碳酸氢钠与盐酸反应
2. 盐酸与氨水反应

第四节　盐　的　水　解

一、盐　的　类　型

盐是酸与碱中和反应的产物,根据形成盐的酸和碱的强弱不同,将盐分为四种类型:

1. 强碱弱酸盐　由强碱和弱酸反应生成的盐,如 Na_2CO_3、CH_3COONa、KCN 等。
2. 强酸弱碱盐　由强酸和弱碱反应生成的盐,如 NH_4Cl、$Cu(NO_3)_2$、$FeCl_3$ 等。
3. 弱酸弱碱盐　由弱酸和弱碱反应生成的盐,如 $(NH_4)_2CO_3$、CH_3COONH_4 等。
4. 强酸强碱盐　由强酸和强碱反应生成的盐,如 $NaCl$、Na_2SO_4、KNO_3 等。

二、盐的水解及其溶液的酸碱性

 观察与思考

在白色点滴板的 3 个凹穴中各放入一小片广泛 pH 试纸,分别滴加浓度为 0.1mol/L

的 CH_3COONa、NH_4Cl 和 $NaCl$ 溶液各2滴。将 pH 试纸分别与标准比色卡对照。

请思考：三种溶液的 pH 各是多少？为什么？

由实验可知，0.1mol/L 的 CH_3COONa、NH_4Cl 和 $NaCl$ 溶液的 pH 分别是9、5和7。显然，盐的水溶液不都是呈中性的，CH_3COONa 溶液显碱性，NH_4Cl 溶液显酸性，而 $NaCl$ 溶液显中性。这些盐的组成里既不含 H^+，也不含 OH^-，为什么会显示出不同的酸碱性呢？研究发现，有些盐如氯化铵、碳酸氢钠等在溶液中全部解离成离子，其中的一些阴离子或阳离子可与水解离出的 H^+ 或 OH^- 结合生成弱电解质，破坏了水的解离平衡，从而使溶液中 H^+ 和 OH^- 浓度发生改变，所以，不同的盐溶液会显示出不同的酸碱性。以 CH_3COONa 为例：

CH_3COONa 是强碱 $NaOH$ 和弱酸 CH_3COOH 生成的盐，其水解过程如下：

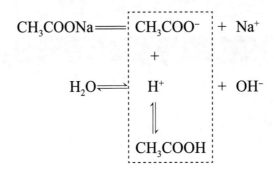

CH_3COONa 是强电解质，在溶液中完全解离成 CH_3COO^- 和 Na^+，H_2O 是极弱的电解质，能解离出极少量的 H^+ 和 OH^-。CH_3COO^- 和水解离产生的 H^+ 结合生成弱电解质 CH_3COOH，使溶液中 H^+ 浓度减少，从而破坏了水的解离平衡，使水的解离平衡向右移动，OH^- 浓度相对增大。当建立新的平衡时，溶液中 $[H^+] < [OH^-]$，所以溶液显碱性。CH_3COONa 的水解方程式是：

$$CH_3COONa + H_2O \Longrightarrow CH_3COOH + NaOH$$

由此可知，盐的水解就是盐在水溶液里解离出的离子跟水解离的 H^+ 或 OH^- 结合生成弱电解质（弱酸或弱碱）的反应。

 课堂问答

CH_3COONa 的水解方程式是：

$$CH_3COONa + H_2O \Longrightarrow CH_3COOH + NaOH$$

请写出其水解离子方程式。

由于形成盐的酸和碱的强弱不同，盐的水解情况各不相同，其水溶液的酸碱性也不

同,根据盐的分类其规律如下:

1. 强碱弱酸盐　能水解,其水溶液显碱性。如 CH_3COONa、Na_2CO_3、$NaHCO_3$ 等。

2. 强酸弱碱盐　能水解,其水溶液显酸性。如 NH_4Cl、$Cu(NO_3)_2$、$FeCl_3$ 等。

3. 弱酸弱碱盐　能水解,其水溶液的酸碱性是由水解后生成的弱酸和弱碱的相对强弱(即它们的解离常数 K_a 或 K_b 的相对大小)来判断,具体情况这里不做讨论。

4. 强酸强碱盐　不水解,其水溶液显中性。如 $NaCl$、KNO_3、Na_2SO_4 等。

三、盐的水解在医学上的意义

盐的水解在临床上具有重要的意义,如治疗胃酸过多或酸中毒时使用碳酸氢钠或乳酸钠,治疗碱中毒时使用氯化铵等。

但是盐的水解也会带来不利的影响。例如某些药物因水解而变质,这些药物应密闭保存在干燥处,以防止水解变质。

章末小结

本章重点内容是电解质和溶液的酸碱性判断,难点是盐的水解。

1. 电解质分为强电解质和弱电解质,可根据其解离度(α)或解离常数(K_i)大小进行判断。弱电解质的解离及其平衡的移动是离子反应、盐的水解的基础。

2. 水是极弱的电解质。在室温下任何电解质的水溶液,$K_w=[H^+][OH^-]=1×10^{-14}$。溶液的酸碱性可根据溶液中 $[H^+]$ 和 $[OH^-]$ 的相对大小或 pH 来判断。$[H^+]$ 越大,pH 越小,溶液的酸性越强,碱性越弱;$[H^+]$ 越小,pH 越大,溶液的酸性越弱,碱性越强。

3. 同离子效应可用于缓冲溶液的配制。

4. 离子反应发生的条件　①有难溶性物质生成。②有难解离物质生成。③有挥发性物质生成。书写离子方程式要注意哪些物质写成离子形式,哪些物质写成分子形式。

5. 盐的水解规律　①强碱弱酸盐能水解,其水溶液显碱性。②强酸弱碱盐能水解,其水溶液显酸性。③弱酸弱碱盐能水解,其水溶液的酸碱性由水解后生成的弱酸和弱碱的相对强弱来判断。④强酸强碱盐不水解,其水溶液显中性。

(李仲胜)

思考与练习

一、名词解释

强电解质　　弱电解质　　同离子效应　　盐的水解　　离子反应

二、填空题

1. 强酸弱碱盐,其水溶液显_____性,强碱弱酸盐,其水溶液显_____性,强酸强碱盐,其水溶液显_____性。

2. 现有 NaCl、$FeCl_3$、NH_4Cl、CH_3COONa、$NaHCO_3$ 几种溶液,显酸性的有_____,显碱性的有_____,显中性的有_____。

3. pH 就是溶液中_____浓度的_____。数学表达式为_____。

4. $[H^+]=1.0×10^{-5}$mol/L 的溶液 pH 为_____,溶液呈_____;若 pH=9,则$[H^+]$为_____mol/L,溶液呈_____性。

5. 向氨水中加入酚酞,溶液呈_____色,若向其中加入少量固体氯化铵,溶液的颜色将_____,原因是_____。

6. 离子反应发生的条件是_____、_____、_____。

三、简答题

1. 写出下列反应的离子方程式

（1）碳酸钙和盐酸反应

（2）醋酸和氢氧化钠溶液反应

（3）硫酸铵溶液和氢氧化钡溶液共热

（4）醋酸和一水合氨反应

2. 计算下列溶液的 pH

（1）0.1mol/L 盐酸溶液

（2）0.1mol/L 氢氧化钠溶液

（3）$[H^+]=1×10^{-4}$mol/L

（4）$[OH^-]=1×10^{-10}$mol/L

第七章 | 缓冲溶液

07章 数字资源

许多化学反应，往往需要在一定的酸碱条件下才能正常进行。如人体内在生理变化过程中起重要作用的酶，必须在特定的 pH 条件下才能发挥有效的作用，pH 稍有偏离，酶的活性就会降低，甚至丧失活性。尽管人体在代谢过程中不断产生酸性物质和碱性物质，但是各种体液都能把自身的 pH 维持在一定的范围内。如正常人体血液的 pH 总是维持在 7.35~7.45，如果偏离此范围将导致代谢紊乱，甚至危及生命。因此，如何控制溶液的酸碱性，保持溶液的 pH 相对稳定，具有十分重要的意义。

第一节 缓冲作用和缓冲溶液

一、缓冲溶液的概念

观察与思考

取六支试管并依次编号。

1、2 号试管各加入 4ml 纯化水。

3、4 号试管各加入 0.1mol/L NaCl 溶液 4ml。

5、6 号试管中各加入 0.1mol/L CH_3COOH 溶液 2ml 和 0.1mol/L CH_3COONa 溶

液 2ml。

用 pH 试纸分别测定六支试管中溶液的 pH。然后在编号为 1、3、5 的三支试管中各加入 3 滴 0.1mol/L HCl 溶液,编号为 2、4、6 的三支试管中加入 3 滴 0.1mol/L NaOH 溶液,摇匀,再分别测定六支试管内溶液的 pH。

请思考:

1. 在六支试管中各加 3 滴 HCl 溶液或 NaOH 溶液后 pH 是怎样变化的?

2. 为什么在 5、6 号试管中加入 3 滴 HCl 溶液或 NaOH 溶液,溶液的 pH 无明显改变?

实验结果表明,在纯化水或 NaCl 溶液中加入少量 HCl 溶液时,溶液的 pH 明显降低,加入少量 NaOH 溶液时溶液的 pH 明显升高;在 CH_3COOH 和 CH_3COONa 的混合溶液中加入少量的 HCl 溶液或少量的 NaOH 溶液时,溶液的 pH 无明显改变。由此可见,CH_3COOH 和 CH_3COONa 的混合溶液具有抵抗外加少量酸和少量碱的能力,像这种能抵抗外来的少量酸、少量碱而保持溶液 pH 几乎不变的作用称为缓冲作用。具有缓冲作用的溶液称为缓冲溶液。

需要指出的是,若在 CH_3COOH 和 CH_3COONa 的混合溶液中加入适量水稀释,其 pH 也几乎不变。缓冲溶液还具有抵抗适当稀释的作用。

二、缓冲溶液的组成和类型

缓冲溶液之所以具有缓冲作用,是因为溶液里通常含有两种成分:一种能与外加的酸作用,称为抗酸成分;另一种能与外加的碱作用,称为抗碱成分。抗酸成分和抗碱成分之间只相差一个 H^+,通常把具有缓冲作用的两种物质称为缓冲对(或缓冲系)。缓冲对主要分为以下三种类型:

1. 弱酸及其对应的盐

弱酸(抗碱成分)	对应的盐(抗酸成分)

例如: CH_3COOH　　　　　　　CH_3COONa

H_2CO_3　　　　　　　$NaHCO_3$

H_3PO_4　　　　　　　NaH_2PO_4

2. 弱碱及其对应的盐

弱碱(抗酸成分)　　　对应的盐(抗碱成分)

例如: $NH_3 \cdot H_2O$　　　　　　　NH_4Cl

3. 多元弱酸的酸式盐及其对应的次级盐

多元弱酸的酸式盐(抗碱成分)　　　对应的次级盐(抗酸成分)

例如: $NaHCO_3$　　　　　　　　　　　　Na_2CO_3

$$NaH_2PO_4 \qquad\qquad Na_2HPO_4$$
$$Na_2HPO_4 \qquad\qquad Na_3PO_4$$

 课堂问答

下列各对物质中,哪些能够组成缓冲对?

HCl-NaCl NaAc-HAc H_2CO_3-Na_2CO_3 NaH_2PO_4-Na_2HPO_4

H_3PO_4-Na_3PO_4 $NH_3\cdot H_2O$-NH_4Cl H_3PO_4-NaH_2PO_4

第二节 缓冲作用原理与缓冲溶液的配制

一、缓冲作用原理

缓冲溶液为何能抵抗外来的少量酸或碱,而溶液的 pH 几乎不变呢? 主要原因是组成缓冲溶液的缓冲对,因含有抗酸成分和抗碱成分而具有缓冲作用,保持溶液的 pH 几乎不变。下面以 CH_3COOH 和 CH_3COONa 组成的缓冲溶液为例说明缓冲作用原理。

在 CH_3COOH-CH_3COONa 缓冲溶液中,存在下列解离平衡:

$$CH_3COOH \rightleftharpoons H^+ + CH_3COO^-$$

$$CH_3COONa \rightleftharpoons Na^+ + CH_3COO^-$$

CH_3COONa 是强电解质,在溶液中完全解离成 Na^+ 和 CH_3COO^-,CH_3COOH 是弱电解质,由于 CH_3COO^- 的同离子效应,使 CH_3COOH 解离度更小,因而 CH_3COOH 分子几乎完全以分子状态存在于溶液中,只有极少的 CH_3COOH 分子解离成 H^+ 和 CH_3COO^-。因而在溶液中,CH_3COO^-、CH_3COOH 的浓度都比较大(CH_3COO^- 主要来自 CH_3COONa 的解离)。

1. 当向此溶液中滴加少量的强酸(H^+)时,溶液中 CH_3COO^- 和外加的 H^+ 结合生成 CH_3COOH:

$$CH_3COO^- + H^+ \rightleftharpoons CH_3COOH$$

使 CH_3COOH 的解离平衡向左移动。当建立新的平衡时,溶液中 CH_3COOH 的浓度略有增加,CH_3COO^- 的浓度略有减少,但 H^+ 的浓度几乎没有增加,所以溶液的 pH 几乎不变。

在这里,CH_3COO^- 起到了对抗外来 H^+ 的作用。由于 CH_3COO^- 主要来自 CH_3COONa 的解离,因此 CH_3COONa 是抗酸成分。

2. 当向此溶液中滴加少量的强碱(OH^-)时,溶液中 CH_3COOH 解离出的 H^+ 与外加的强碱解离产生的 OH^- 反应而生成 CH_3COO^- 和 H_2O:

$$CH_3COOH+OH^-\Longleftrightarrow CH_3COO^-+H_2O$$

使 CH_3COOH 的解离平衡向右移动。当建立新的平衡时，溶液中 CH_3COO^- 的浓度略有增加，CH_3COOH 的浓度略有减少，但 OH^- 的浓度几乎没有增加，所以溶液 pH 几乎不变。

在这里，CH_3COOH 解离出来的 H^+ 起到了对抗外来 OH^- 的作用，因此 CH_3COOH 是抗碱成分。

需要说明的是，当外来的酸或碱的量过多时，缓冲对中的抗酸成分和抗碱成分就会消耗尽，缓冲溶液就会失去缓冲作用，此时溶液的 pH 将会发生较大的改变，所以缓冲溶液的缓冲能力是有限的，增大缓冲溶液中缓冲对的浓度，可以提高缓冲溶液的缓冲能力。

二、缓冲溶液的配制

配制一定 pH 的缓冲溶液的原则和步骤：

1. 选择合适的缓冲对　以弱酸及其对应的盐组成的缓冲对为例：选择缓冲对中弱酸的 pKa 尽可能接近所配制溶液的 pH，以使缓冲溶液具有较大的缓冲能力。如配制 pH 为 4.8 的缓冲溶液可选择 CH_3COOH 和 CH_3COONa 组成的缓冲对，因 CH_3COOH 的 pKa=4.75。还应注意组成缓冲对的物质必须对主反应无干扰。对于医用缓冲对，还应无毒，具有一定的热稳定性，对酶稳定，能透过生物膜等。例如硼酸-硼酸盐缓冲对有一定毒性，不能用作细菌培养、口服液和注射液的缓冲溶液。

2. 配制的缓冲溶液的总浓度要适当　缓冲溶液的总浓度越大，抗酸抗碱成分越多，缓冲能力越强，但浓度过高会造成不必要的浪费。所以，在实际工作中，抗酸成分和抗碱成分总浓度一般控制在 0.05~0.5mol/L 范围内。常用缓冲溶液的配制见表 7-1。

表 7-1　常用缓冲溶液的配制

名称	配制方法
乙酸-乙酸钠缓冲溶液（pH=4.75）	取乙酸钠 82g，加水 200ml 溶解后，加冰醋酸 59ml，加水稀释至 1 000ml
乙酸-乙酸铵缓冲溶液（pH=4.5）	取乙酸铵 7.7g，加水 50ml 溶解后，加冰醋酸 6ml，再加水稀释至 1 00ml
氨-氯化铵缓冲溶液（pH=10）	取氯化铵 5.4g，加水 20ml 溶解后，加浓氨水 35ml，再加水稀释至 100ml

三、缓冲溶液在医学上的意义

缓冲溶液在生理活动中具有重要的意义。缓冲溶液在人体内很重要，如正常人体血液 pH 应维持在 7.35~7.45，如果血液的 pH 改变 0.1 单位以上，就会发生疾病，表现出酸中毒或碱中毒。为什么血液的 pH 能够维持在一个窄小的范围内呢？原因是人体血液中包含有多种缓冲对。血浆缓冲体系中含有下列缓冲对：H_2CO_3-$NaHCO_3$、NaH_2PO_4-Na_2HPO_4、Na- 血浆蛋白 -H- 血浆蛋白。血细胞的缓冲体系中含有下列缓冲对：H_2CO_3-$KHCO_3$、KH_2PO_4-K_2HPO_4、K- 氧合血红蛋白 -H- 氧合血红蛋白。

在血浆缓冲体系中，H_2CO_3-$NaHCO_3$ 缓冲对最为重要。

当代谢产生的酸（HA）进入血液后，主要被 $NaHCO_3$ 缓冲：

$$HA + NaHCO_3 \longrightarrow NaA + H_2CO_3$$
$$\searrow H_2O + CO_2$$

缓冲结果使酸性较强的酸（HA）转变成盐（NaA），同时生成酸性较弱的 H_2CO_3，H_2CO_3 则进一步分解成 H_2O 和 CO_2，并通过呼吸将 CO_2 排出体外，因此血浆具有抗酸作用，可保持自身的 pH 基本不变。

当碱性物质（BOH）进入血液后，主要被 H_2CO_3 缓冲：

$$BOH + H_2CO_3 \longrightarrow BHCO_3 + H_2O$$

缓冲结果使碱性较强的碱（BOH）转变成碱性较弱的盐（$BHCO_3$），其中所消耗的 H_2CO_3 可由体内不断产生的 CO_2 来补充，缓冲后生成的过多的 $BHCO_3$ 将随血液流经肾脏随着尿液排出体外，因此血浆的 pH 基本不变。

缓冲溶液在医学上也具有重要的意义。人体体液的 pH 能保持在一个狭小的范围内，缓冲体系的缓冲起到重要作用。在进行微生物的培养、药物疗效等实验研究中，只有控制合适的 pH，才能使微生物正常生长，通常是将细胞置于适宜的缓冲溶液中。在药物的生产、保存时，由于很多药物会发生水解，常利用缓冲溶液来控制溶液的 pH，以达到控制药物稳定的目的。在临床检验中，组织的切片、细菌的染色、血液的冷藏、酶活性的测定等都要在一定 pH 的缓冲溶液中进行。

 知识拓展

人体酸碱平衡的维持

人体调节酸碱平衡主要有三个系统。当酸性或碱性物质进入血液后，血液缓冲系统在几秒内即可发生反应，约在 20 分钟内完成，其特点是作用较快，但只能将酸性或碱性物质强度减弱，而不能根本上将其从体内清除。肺能排出 CO_2，从而降低体内挥发性酸的含量，当血液 pH 发生改变时，在 15~30 分钟内肺就能发挥出最大调节作用，但对非挥发性酸的调节作用弱。肾脏对机体酸碱平衡的调节最慢，约需数小时，甚至持续 3~5d；从调节能力来看，肾脏不论对酸或碱都有调节作用，能排出过多的酸或碱。所以，当肾功能障碍时，往往会导致体内水、电解质及酸碱平衡的失调。如果人的机体发生某些疾病，代谢过程发生障碍，体内积蓄的酸或碱过多，超出了体液的缓冲能力时，血液的 pH 就会发生变化，出现酸中毒或碱中毒。临床上常用乳酸钠或碳酸氢钠纠正酸中毒，用氯化铵来纠正碱中毒。

> **章末小结** 本章重点内容是缓冲作用、缓冲溶液的概念、缓冲对的组成及类型，难点是缓冲作用原理。要求掌握缓冲对的结构特点和组成缓冲对的类型；熟悉缓冲作用、缓冲溶液的概念及缓冲作用原理，了解缓冲溶液在医学上的应用。

（孙秀明）

 思考与练习

一、名词解释

缓冲作用　　缓冲溶液　　缓冲对

二、填空题

1. 缓冲溶液是由两种物质组合而成的，其中一种能够与碱发生反应，称为_____成分，另一种能够与酸发生反应，称为_____成分。抗酸成分和抗碱成分之间只相差一个_____，通常把具有缓冲作用的两种物质称为_____。

2. 缓冲对通常分为三种类型，分别是_____、_____、_____。

3. 临床上常用乳酸钠或_____纠正酸中毒，用_____来纠正碱中毒。

三、简答题

举例说明缓冲溶液的缓冲作用原理。

第八章 | 配位化合物

08章 数字资源

学习目标

1. 掌握 配合物的概念、组成。
2. 熟悉 配合物的命名。
3. 了解 配合物稳定常数的意义；螯合物的概念、形成条件及常见螯合物。

配位化合物简称配合物，是一类组成较为复杂、广泛存在的化合物，过去曾因它的组成比普通化合物复杂而称它为络合物。配合物与生物体和医学关系十分密切，它在人的生命过程中发挥着重要的作用，近年来在探索利用配合物的形成进行诊断和治疗疾病等方面的成果越来越多。生物体内的金属离子多数是以配合物的形式存在的，如人体内输送氧气的亚铁血红蛋白是一种含铁的配合物，植物进行光合作用所依赖的叶绿素是含镁的配合物，人体内的各种酶的分子几乎都是金属的配合物，配合物在人的生命过程中发挥着重要的作用。除此之外，配合物在生化检验、环境监测、药物分析等方面的应用也非常广泛。

第一节　配　合　物

一、配合物的概念

观察与思考

取两支试管，分别加入 $CuSO_4$ 溶液 1ml。在第一支试管中加入少量 NaOH 溶液，立即出现蓝色 $Cu(OH)_2$ 沉淀；在第二支试管中加入少量 $BaCl_2$ 溶液，出现白色 $BaSO_4$ 沉淀。

向上述蓝色 $Cu(OH)_2$ 沉淀中加入过量氨水，沉淀溶解，变成深蓝色溶液。再向深蓝色溶液中加入少量 NaOH 溶液，没有蓝色 $Cu(OH)_2$ 沉淀生成，仍然是深蓝色溶液。

请思考：

1. 在第一支试管中出现蓝色 $Cu(OH)_2$ 沉淀，表明溶液中有什么离子存在？

2. 在第二支试管中出现 $BaSO_4$ 白色沉淀，表明溶液中有什么离子存在？

3. 上述深蓝色物质是什么？

出现蓝色 $Cu(OH)_2$ 沉淀，表明溶液中有铜离子存在。

$$CuSO_4+2NaOH{=\!=\!=}Cu(OH)_2\downarrow+Na_2SO_4$$
（蓝色）

出现 $BaSO_4$ 白色沉淀，表明溶液中有 SO_4^{2-} 离子存在。

$$CuSO_4+BaCl_2{=\!=\!=}CuCl_2+BaSO_4\downarrow$$
（白色）

实验证明，在硫酸铜溶液中含有 Cu^{2+} 和 SO_4^{2-}。

从反应现象看，$Cu(OH)_2$ 与氨水发生了化学反应，生成了深蓝色物质。

$$Cu(OH)_2+4NH_3{=\!=\!=}[Cu(NH_3)_4](OH)_2$$
（深蓝色）

经分析证实，该深蓝色物质是 $[Cu(NH_3)_4]^{2+}$，它是一种复杂离子，在水溶液中很难解离出 Cu^{2+}。所以，加入 $NaOH$ 溶液就不会再有蓝色 $Cu(OH)_2$ 沉淀生成。

$$[Cu(NH_3)_4](OH)_2{=\!=\!=}[Cu(NH_3)_4]^{2+}+2OH^-$$

在 $[Cu(NH_3)_4]^{2+}$ 中，Cu^{2+} 和 4 个 NH_3 分子是通过 4 个配位键结合在一起的，像这种由一个金属阳离子和一定数目的中性分子或者阴离子以配位键结合而成的复杂离子称为配离子，如 $[Ag(NH_3)_2]^+$、$[Fe(CN)_6]^{3-}$ 等。配离子和带相反电荷的其他简单离子组成的化合物称配位化合物，简称配合物，如 $[Ag(NH_3)_2]Cl$、$K_3[Fe(CN)_6]$ 等。

配合物亦可是由一个金属离子（或原子）和一定数目的中性分子或阴离子以配位键结合形成的复杂分子（称为配位分子），如 $[Fe(CO)_5]$、$[Pt(NH_3)_2Cl_2]$ 等。

此外，配合物和复盐虽然分子式形式相似，但是在水溶液中，复盐能完全解离成组成它的简单离子，而配合物只能完全解离成组成它的配离子和外界离子，而不能完全解离成组成它的简单离子。

如复盐硫酸铝钾和配合物硫酸四氨合铜（Ⅱ）在水溶液中解离方程式为：

$$KAl(SO_4)_2\cdot12H_2O{=\!=\!=}K^++Al^{3+}+2SO_4^{2-}+12H_2O$$

$$[Cu(NH_3)_4]SO_4{=\!=\!=}[Cu(NH_3)_4]^{2+}+SO_4^{2-}$$

 课堂问答

下列物质中属于配合物的是

98

$(NH_4)_2SO_4$　　　$[Cu(NH_3)_4]SO_4$　　$NH_4Fe(SO_4)_2·12H_2O$　　　$CuSO_4·5H_2O$

二、配合物的组成

配合物的结构比较复杂,一般分为内界和外界两个组成部分。以配合物$[Cu(NH_3)_4]SO_4$为例说明配合物的组成,其组成示意如下:

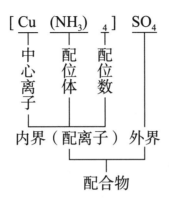

（一）中心离子

中心离子一般是金属阳离子或金属原子,位于配合物的中心位置,它是配合物的形成体。如$[Cu(NH_3)_4]^{2+}$的中心离子是Cu^{2+},$[Fe(CO)_5]$的中心离子为Fe。常见的中心离子多为过渡元素的金属阳离子,如Ag^+、Cu^{2+}、Zn^{2+}、Hg^{2+}、Fe^{2+}、Fe^{3+}等。但也有电中性的金属原子,如Fe、Co等。

（二）配位体

与中心离子以配位键结合的阴离子或中性分子称为配位体(简称配体)。如$[Cu(NH_3)_4]SO_4$分子中,NH_3就是配位体,配位体中必须有一个或几个原子带有孤对电子,其孤对电子与中心离子以配位键结合。配位体中提供孤对电子的原子称为配位原子,简称配原子。常见的配位体有NH_3、H_2O、CO、F^-、Cl^-、CN^-、SCN^-等,常见的配原子有O、N、F、Cl、S等。

（三）配位数

一个中心离子所能结合的配位原子的总数,称为该中心离子的配位数,中心离子最常见的配位数是2、4或6等。表8-1列出了某些常见金属离子的配位数。

表8-1　常见金属离子的配位数

金属离子	化合价	配位数
Ag^+、Cu^+	+1	2
Cu^{2+}、Zn^{2+}、Hg^{2+}、Co^{2+}	+2	4
Fe^{2+}、Fe^{3+}、Co^{2+}、Co^{3+}、Cr^{3+}	+2 或 +3	6

（四）配离子（内界）

中心离子与配位体以配位键结合而成配离子。配离子组成配合物的内界。书写配离子时，用方括号括起来。例如$[Cu(NH_3)_4]^{2+}$就是配离子（内界）。配离子带有电荷，其电荷数等于中心离子电荷数与配位体电荷数的代数和。如果配位体是中性分子，则中心离子的电荷数就是配离子的电荷数。例如在$[Cu(NH_3)_4]SO_4$中，配离子由一个Cu^{2+}和4个NH_3分子组成，配离子的电荷数为：$(+2)+0\times4=+2$，写作$[Cu(NH_3)_4]^{2+}$。

（五）外界离子（外界）

配合物中与配离子带相反电荷的离子称为配合物的外界（亦称外界离子），是化学式中方括号以外的部分。外界离子通常是带正、负电荷的简单离子或原子团，如SO_4^{2-}、Cl^-、NO_3^-、K^+、Na^+等。配位分子无外界。

在配合物中，内界与外界之间以离子键结合，可溶性配合物在水溶液中会完全解离出配离子和外界离子，例如：

$$[Cu(NH_3)_4]SO_4 =\!=\!= [Cu(NH_3)_4]^{2+}+SO_4^{2-}$$

$$[Ag(NH_3)_2]Cl =\!=\!= [Ag(NH_3)_2]^+ +Cl^-$$

内界的中心离子与配位体之间以配位键结合，在水溶液中可发生微弱解离，存在着解离平衡。因此，在配合物溶液中，游离的中心离子极少。

在配合物中，配离子和外界离子所带的电荷数量相等，电性相反，整个配合物不显电性。

课堂问答

配合物$[Ag(NH_3)_2]Cl$内界是（   ），外界是（   ），中心离子是（   ），配位体是（   ），配位数是（   ），中心离子电荷是（   ），配离子电荷是（   ）。

三、配合物的命名

配合物的命名一般采用系统命名法，简要概括如下：

（一）配离子的命名

配位体数目（用中文数字一、二、三、四等表示）→配位体名称→合→中心离子名称（化合价数——用大写罗马数字Ⅰ、Ⅱ、Ⅲ……标明）。例如：

$[Cu(NH_3)_4]^{2+}$	四氨合铜（Ⅱ）配离子
$[Ag(NH_3)_2]^+$	二氨合银（Ⅰ）配离子
$[Fe(CN)_6]^{3-}$	六氰合铁（Ⅲ）配离子
$[Fe(CN)_6]^{4-}$	六氰合铁（Ⅱ）配离子

[Fe(CO)_5] 五羰基合铁（0）

若有多种配位体时，一般先阴离子配位体后中性分子配位体；先无机配位体后有机配位体。例如：

$[Pt(NH_3)_2Cl_2]$　　　　　二氯二氨合铂（Ⅱ）

$[Co(NH_2CH_2CH_2NH_2)_2Cl_2]^+$　二氯二乙二胺合钴（Ⅲ）配离子

（二）配合物的命名

配合物的命名原则与一般无机化合物相同，即阴离子在前，阳离子在后，称为某化某或某酸某等。例如：

$[Cu(NH_3)_4]SO_4$　　　　硫酸四氨合铜（Ⅱ）

$[Ag(NH_3)_2]Cl$　　　　　氯化二氨合银（Ⅰ）

$K_3[Fe(CN)_6]$　　　　　六氰合铁（Ⅲ）酸钾

$H_2[PtCl_6]$　　　　　　六氯合铂（Ⅳ）酸

$[Cu(NH_3)_4](OH)_2$　　　氢氧化四氨合铜（Ⅱ）

对于一些常见的配合物或配离子，通常也用习惯名称。例如：

$[Cu(NH_3)_4]^{2+}$　　　　　铜氨配离子

$[Ag(NH_3)_2]^+$　　　　　银氨配离子

$K_4[Fe(CN)_6]$　　　　　亚铁氰化钾（黄血盐）

$K_3[Fe(CN)_6]$　　　　　铁氰化钾（赤血盐）

 课堂问答

请命名下列配合物或配离子：

$[Zn(NH_3)_4]SO_4$　　　$[Fe(CN)_6]^{4-}$　　　$K_3[FeF_6]$　　　$[PtCl_6]^{2-}$

四、配合物的稳定常数

在配合物中，配离子和外界离子之间以离子键结合，在水溶液中能完全解离为配离子和外界离子，而在配离子中，中心离子和配位体是以配位键的形式结合，比较稳定。那么在溶液中，配离子能否再解离为中心离子和配位体呢？

 观察与思考

取两支试管，分别加入新配制的$[Cu(NH_3)_4]SO_4$深蓝色溶液1ml。在第一支试管中加入少量NaOH溶液，没有蓝色$Cu(OH)_2$沉淀生成，仍然是深蓝色溶液。在第二支试管

中加入少量 Na_2S 溶液，出现黑色 CuS 沉淀。

请思考：

1. 在第一支试管中没有蓝色 $Cu(OH)_2$ 沉淀生成的原因是什么？

2. 在第二支试管中为何出现黑色 CuS 沉淀？

在第一支试管中没有蓝色 $Cu(OH)_2$ 沉淀生成，说明深蓝色溶液中没有或含极少量 Cu^{2+}，加入的少量 NaOH 溶液不能够生成 $Cu(OH)_2$ 沉淀。在另一支试管中加入少量 Na_2S 溶液，有黑色 CuS 沉淀生成，说明溶液中有少量 Cu^{2+} 存在，且少量的 Cu^{2+} 能够与加入的少量的 Na_2S 溶液中的 S^{2-} 反应生成黑色 CuS 沉淀。

$$Cu^{2+}+S^{2-}=\!=\!=CuS\downarrow（黑色）$$

上述实验说明，少量的 Cu^{2+} 来自溶液中铜氨配离子微弱的解离：

$$[Cu(NH_3)_4]^{2+}\rightleftharpoons Cu^{2+}+4NH_3$$

配离子在溶液中的解离平衡与弱电解质的解离平衡相似，配离子的解离平衡常数一般用 $K_{不稳}$ 表示，表达式为：

$$K_{不稳}=\frac{[Cu^{2+}][NH_3]^4}{[Cu(NH_3)_4]^{2+}}$$

解离常数 $K_{不稳}$ 越大，表示铜氨配离子越易解离，即配离子越不稳定。故用 $K_{不稳}$ 表示配离子的不稳定常数。

在实际工作中，常用稳定常数 $K_{稳}$ 表示配离子的稳定性。

如铜氨配离子的形成，存在着下列配位平衡：

$$Cu^{2+}+4NH_3\rightleftharpoons[Cu(NH_3)_4]^{2+}$$

$$K_{稳}=\frac{[Cu(NH_3)_4]^{2+}}{[Cu^{2+}][NH_3]^4}$$

不难看出，$K_{稳}$ 和 $K_{不稳}$ 互为倒数。

$$K_{稳}=\frac{1}{K_{不稳}}$$

$K_{稳}$ 越大，说明生成配离子的倾向越大，而配离子解离的倾向就越小，即配离子越稳定。

配合物的稳定常数一般都比较大，为了书写方便，常用它的对数值 $\lg K_{稳}$ 表示。常见配离子的稳定常数和 $\lg K_{稳}$ 值见表 8-2。

表 8-2　一些常见配离子的 $K_{稳}$ 和 $\lg K_{稳}$ 值

配离子	$[Ag(NH_3)_2]^+$	$[Zn(NH_3)_4]^{2+}$	$[Cu(NH_3)_4]^{2+}$	$[Fe(CN)_6]^{3-}$
$K_{稳}$	1.10×10^7	2.87×10^9	2.09×10^{13}	1.00×10^{42}
$\lg K_{稳}$	7.05	9.46	13.32	42.00

由此可见，$\lg K_稳$越大，配合物越稳定。

稳定常数和不稳定常数在应用上十分重要，使用时注意不要混淆。

第二节　螯合物

一、螯合物的概念

在配合物中，不仅无机化合物可以作为配位体，有机化合物也可以作为配位体，由于有机配位体一般含有 2 个或 2 个以上的配位原子，因此形成的配合物结构更复杂。

例如乙二胺（$H_2N—CH_2—CH_2—NH_2$）就是一种有机配位体，当它与铜离子配合时，乙二胺中两个氨基（—NH_2）上的氮原子，各提供一对未共用的孤对电子与铜离子形成两个配位键，形成具有两个五元环结构的配离子，反应方程式为：

$$Cu^{2+} + 2 \begin{matrix} CH_2—NH_2 \\ | \\ CH_2—NH_2 \end{matrix} \rightleftharpoons \left[\begin{matrix} H_2C—N & \overset{H_2}{N}—CH_2 \\ | & Cu & | \\ H_2C—N & N—CH_2 \\ H_2 & H_2 \end{matrix} \right]^{2+}$$

这种具有环状结构的配合物称为螯合物。形成螯合物的配位体称为螯合剂。

螯合物是配合物的一种，在螯合物的结构中，螯合剂一定有两个或两个以上的配位原子提供多对孤对电子与中心离子形成配位键。螯合物分子中具有稳定的五元环或六元环结构，它比一般配合物稳定。

二、螯合物的形成

（一）螯合物的形成条件

1. 中心离子必须有空轨道，能够接受配位体提供的孤对电子。

2. 螯合剂必须含有 2 个或 2 个以上的配位原子。

3. 两个配位原子间应间隔 2 个或 3 个其他原子，以便形成稳定的五元环或六元环。

（二）常见的螯合剂

除乙二胺外，常见的螯合剂还有氨基乙酸、乙二胺四乙酸等。应用较多的是乙二胺四乙酸（缩写为 EDTA），其结构简式是：

$$（HOOCCH_2）_2N—CH_2—CH_2—N（CH_2COOH）_2$$

EDTA 也可以简写为 H_4Y，它在水溶液中溶解度较小，因此使用上受到限制，不宜作为标准溶液进行配位滴定，通常用它的二钠盐 $Na_2H_2Y·2H_2O$ 配制 EDTA 标准溶液。

配位化合物与医学

配位化合物与医学关系密切,人体中存在着很多金属元素,它们与蛋白质、核酸等生物大分子结合形成的配合物发挥着重要的生理作用。如血红素是 Fe^{2+} 的配合物,维生素 B_{12} 是 Co^{3+} 的配合物,胰岛素是 Zn^{2+} 的配合物,还有很多作为生命催化剂的酶也是配位化合物。

科学研究发现,有些配合物具有药理作用,铁的螯合物(即某种生物体与铁的结合)能抑制肿瘤细胞的生长,锰的氨基酸螯合物可迅速被肠道吸收,有效提高维生素等营养物质的利用率。另外,临床上应用配合物转化原理,用能与重金属离子生成更为稳定的螯合物的物质作为重金属中毒解毒药。

生物体内的许多金属离子是以螯合物的形式存在的,并且在临床诊断和治疗上也越来越多地应用配合反应和螯合物药剂,螯合物在医学方面有着广泛的应用。

章末小结

本章重点内容是配合物的组成和命名,要求掌握配合物的组成和命名。

配合物由配离子(内界)和外界离子构成,配离子由中心离子、配位体组成,中心离子和配位体之间以配位键结合;配离子所带电荷是中心离子与配位体电荷的代数和,数值上与外界离子所带电荷数相等。

配位化合物的命名自右向左称作某化某或某酸某。配离子命名是按配位体数→配位体→合→中心离子(化合价)的顺序命名。

本章的难点是配合物的稳定常数和螯合物的结构。要求熟悉配合物的稳定常数大小与配合物的稳定关系,了解螯合物的形成条件及螯合物的概念。

螯合物是具有环状结构的配合物。形成螯合物的配位体称为螯合剂。螯合剂形成条件:①中心离子必须有空轨道,能够接受配位体提供的孤对电子;②螯合剂分子中必须有 2 个或 2 个以上的配位原子;③两个配位原子间应间隔 2 个或 3 个其他原子。

（王宙清）

思考与练习

一、名词解释

配离子　　配合物　　中心离子　　配位体

二、填空题

1. 配合物一般是由_____和_____组成。

2. 配合物 $[Cu(NH_3)_4](OH)_2$ 的名称是_____。内界为_____,外界为_____,中心离子为_____,配位体为_____,配位数为_____,中心离子电荷为_____。

3. 乙二胺四乙酸简称_____,是常用的螯合剂。

三、简答题

1. 命名下列配合物或配离子:

$[Co(NH_3)_6]^{3+}$ $K_4[Fe(CN)_6]$

$[FeF_6]^{3-}$ $H_2[PtCl_6]$

2. 简述螯合物的形成条件。

附　录

实 验 指 导

化学实训在无机化学教学过程中占有十分重要的地位。通过化学实训可以帮助学生理解和巩固化学知识；掌握实训的基本方法和基本技能；培养观察现象、分析问题和解决问题的能力，养成理论联系实际的学风和实事求是、严肃认真的科学态度。为保证实训顺利完成，需要注意以下几个方面的问题：

一、实训规则

为了顺利完成实训，实训前必须认真阅读与实训有关的理论知识，明确实训目的、原理，了解实训步骤、操作方法及注意事项。

1. 实训开始前，应检查仪器、药品是否齐全，如有缺少或破损，及时登记，并补领或调换。

2. 实训时要认真规范操作，仔细观察实训现象，积极思考，如实记录实训结果。

3. 严格遵守实训室各项制度，注意安全，爱护仪器，节约药品，不浪费水电，保持实训室安静和整洁。

4. 公用仪器和药品用毕后要随时放回原处。

5. 实训完毕，洗净仪器，整理好实训用品，擦净实训台，如有仪器破损，必须向老师登记调换。

6. 实训室内一切物品未经老师允许，不准带出室外。

7. 值日生整理好卫生，关好水、电、门、窗。

8. 根据实训记录，认真写好实训报告，按时交给老师批阅。

二、试剂使用规则

1. 使用试剂前看清标签上的名称和浓度，不允许将试剂任意混合。

2. 必须按照实训规定用量取用试剂，不得随意增减。

3. 取出的试剂未用完时不得放回原试剂瓶内，应倾倒在指定的容器内。

4. 取用固体药品要用干净药匙，用后立即擦洗干净；取用液体试剂要用滴管，试剂瓶中的滴管不能混用。

5. 药品和试剂用毕后应立即盖好瓶塞，放回原处。要求回收的试剂，应放入指定的回收容器中。

6. 使用腐蚀性药品及易燃、易爆药品时，要小心谨慎，严格遵守操作规程。

三、实训安全规则

1. 使用易燃易爆物品时，应远离火源。

2. 凡是做有毒或有刺激性气体的实训,应在通风橱内进行。

3. 加热或倾倒液体时,切勿俯视容器,以防液滴飞溅造成伤害。加热试管时,不要将试管口对着自己或他人。

4. 稀释硫酸时,应将浓硫酸慢慢注入水中,且不断搅拌,切勿将水注入浓硫酸中。

5. 闻气体的气味时,要用手扇闻,不要用鼻子凑到容器口上去闻。

6. 如果强酸或强碱溅到皮肤或眼睛上,立即用水冲洗,然后就医。

7. 严禁在实训室内饮食或将食品、餐具带进实训室。

8. 实训完毕,应把手洗净后再检查门窗、电源、水源、气阀是否关闭,确保安全。

实训 1 化学实训的基本操作

【实训目标】

1. 熟练掌握玻璃仪器的洗涤和干燥。

2. 学会正确使用托盘天平、量筒等仪器。

3. 熟练掌握研磨、称量、溶解、过滤、蒸发、结晶等基本操作。

【实训准备】

1. 仪器 托盘天平、药匙、试管、烧杯、量筒、酒精灯、玻璃棒、胶头滴管、表面皿、蒸发皿、漏斗、铁架台、研钵、石棉网、滤纸、试管夹、试管刷。

2. 试剂 纯化水、粗盐、酒精。

【实训学时】2 学时。

【实训方法与结果】

一、玻璃仪器的洗涤和干燥

化学实训所用仪器的干净程度直接影响实训结果的准确性,因此,在实训前后必须认真洗涤仪器。仪器洗涤干净的标准是:内壁附着的水要均匀,不应挂有水珠。

1. 洗涤方法 一般先用自来水冲洗,再用试管刷刷洗,若洗刷不干净,可用毛刷蘸少量洗涤液或洗衣液刷洗,然后再用自来水冲洗,最后用纯化水淋洗。即用水冲洗—刷洗—用水冲洗的顺序。刷洗时,不可用力过猛,以免损坏仪器。若仪器内壁附有油污,可用刷子蘸取少量洗涤液刷洗,再用水冲洗。其他顽固性污垢,在教师指导下洗刷。

2. 干燥方法 洗净的玻璃仪器,应口朝下放在不受震动的地方晾干、吹干或在电烘箱中烤干。

(1)晾干:洗净的仪器可倒置在仪器架上,任其自然晾干。

(2)烘干:急用仪器可放在电烘箱内烘干。

(3)烤干:烧杯和蒸发皿可放在石棉网上用小火烤干;试管烤干时管口低于管底,烤到不见水珠时,使管口向上赶尽水汽。

(4)吹干:带有刻度的计量仪器不能用烘干或烤干的方法进行干燥,可采用电吹风吹干。

二、药品的取用

实训所用的药品,有的有毒性,有的有腐蚀性,因此,药品一律不能品尝它的味道,也不能用手直接去拿药品。

（一）固体药品的称量和取用

1. 托盘天平的使用　托盘天平也叫台秤（实训图1-1），是常用的称量仪器，用于精确度不高的称量，一般能精确到±0.1g。

（1）准备：把天平放平稳，将游码移至游码标尺的零位上。当指针在零点或在标尺零点左右两边摆动的格数相等时，即可称量。如果指针在刻度盘零点左右摆动的格数不等时，则应转动调零螺母，调节至指针左右摆动距离相等。

（2）称量：

①称量的药品放在左盘，砝码放在右盘。

②先加大砝码，再加小砝码，加减砝码必须用镊子夹取；5g以下用游码调节，使指针在刻度盘的零点左右两边摇摆的距离几乎相等为止。

③记下砝码和游码在游码标尺上的刻度数值（记录至小数后第一位），二者相加即为所称物品的质量。

④称量药品时，应在左盘加上已知质量的洁净的干燥容器（如表面皿或者烧杯等）或称量纸，再将药品加入，然后进行称量。

⑤称量完毕，应把砝码放回砝码盒中，将游码退到刻度"0"处，取下盘上的物品，并将托盘放在一侧。

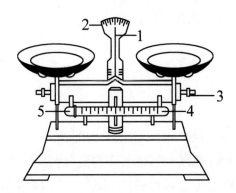

1. 指针；2. 标尺；3. 平衡调节螺丝；4. 游码标尺；5. 游码。

实训图1-1　托盘天平

【注意事项】

（1）称量5g（游码标尺刻度范围以内）以下药品使用游码。

（2）不能称量热的物品。

（3）称量物不能直接放在托盘上。

（4）不能用手直接拿砝码。

（5）托盘天平应保持清洁，如果把药品撒在托盘上，必须立即清除。

2. 固体药品的取用　取用粉末状或小颗粒的药品（实训图1-2），要用洁净的药匙。往试管里装粉末状药品时，为了避免药粉沾在试管口和管壁上，可将试管倾斜或平放，把盛有药品的药匙（或用洁净的纸片折成V形纸槽）小心地送到试管底部，然后把试管竖直，使药品全部落到试管底部。

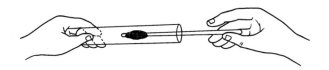

实训图 1-2 固体药品的取用

取块状药品或金属颗粒,要用洁净的镊子夹取。装入试管时,应先把试管平放,把颗粒放进试管口内后,再把试管慢慢竖立,使颗粒缓慢地滑到试管底部。

取用药品的药匙和镊子,每用完一次,必须擦洗干净,禁止用沾有某种药品的药匙或镊子取用其他药品。

(二)液体药品的取用

液体药品通常盛放在细口的试剂瓶里。取用时先把瓶塞拿下,倒放在桌面上。然后右手握住试剂瓶(标签对着手心),左手拿着试管,把溶液缓慢地倒入试管里。倒完后,立即盖好瓶塞,将试剂瓶(标签向外)放回原处。

取用少量或几滴液体药品时,可使用胶头滴管。使用时先用中指和无名指夹住滴管,用拇指和示指捏住胶头,压出胶头里的空气,把玻璃尖嘴插入盛放液体的试剂瓶里,将拇指和示指放松,液体就吸进尖嘴管里。然后将胶头滴管移出试剂瓶,放到准备接受液体的试管或其他玻璃容器口上方,滴管垂直再轻轻挤压胶头,使液体流出。当胶头滴管中吸进了液体时,不能将尖嘴朝上,以防液体流入胶头里腐蚀胶头。

粗略量取一定体积的液体可用量筒,量筒量取液体可准确到 ±0.1ml,按所需液体体积选择大小匹配的量筒。量取液体时,量筒应放平稳,观察和读数时,视线应与量筒内液体凹面最低处保持水平。当液体接近刻度线时,改用胶头滴管边滴边观看,当凹面最低处与所需刻度线相切时,即停止滴加(实训图 1-3)。

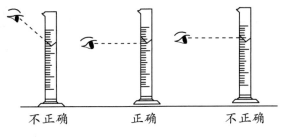

不正确　　　　正确　　　　不正确

实训 1-3　量筒的读数

三、粗盐提纯

1. 研磨和称量　取 10g 粗盐放入研钵中研成粉末,用托盘天平称取 5g 研成粉末的粗盐。

2. 溶解　将称好的 5g 粗盐放入小烧杯中,用量筒量取 20ml 纯化水倒入烧杯中,用玻璃棒搅拌使其溶解。

3. 过滤　根据漏斗大小取滤纸一张,对折两次,一边三层,一边一层展开滤纸(实训图 1-4),尖端向下放在漏斗中(滤纸边缘应低于漏斗口),用手指压住滤纸并用纯化水润湿,使其紧贴在漏斗内壁上,赶去滤纸和漏斗内壁之间的气泡。把漏斗放在漏斗架上或铁架台的铁圈上,调整好高度。取一只干净烧杯放在漏斗下面,漏斗颈部尖嘴处紧靠烧杯内壁。将玻璃棒下端轻触三层滤纸处,将粗盐溶液引流入漏斗中(液面应低于滤纸边缘)(实训图1-5)。

4. 蒸发结晶　将滤液倒入干净的蒸发皿中,将蒸发皿放在铁圈上,用酒精加热蒸发浓缩,不断用玻璃棒搅拌,快要蒸干时,停止加热,用余热将残留的少量水蒸干,即得到纯白的精制食盐(实训图1-6)。

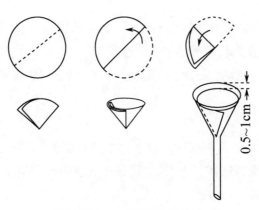

实训图1-4　过滤器的准备

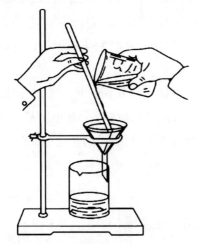

实训图1-5　过滤的方法

实训图1-6　蒸发的操作

【问题与讨论】

1. 怎样调节托盘天平的零点?

2. 怎样正确读取量筒内液体的体积?

3. 使用酒精灯时,何时需要添加酒精灯内的酒精?

4. 怎样安装过滤装置?

(王宙清)

实训2　溶液的配制和稀释

【实训目标】

1. 熟练掌握溶液配制和稀释的主要操作步骤。

2. 学会正确使用吸量管、移液管和容量瓶。

【实训准备】

1. 仪器 托盘天平、烧杯、玻璃棒、100ml 量筒、100ml 容量瓶、胶头滴管、2ml 吸量管、药匙、洗耳球。

2. 试剂 NaCl 固体、浓盐酸。

【实训学时】 2 学时。

【实训方法与结果】

一、几种量器的使用方法

1. 移液管 移液管是常用的准确移取一定体积液体的量器,分为腹式移液管和刻度吸管。

腹式移液管中间膨大,只有一个标线,只适于对固定体积溶液的移取;有 10ml、20ml、25ml 和 50ml 等几种规格。

刻度吸管是有很多精细刻度的直型玻璃管,适于对所需体积溶液的移取;有 1ml、2ml、5ml 和 10ml 等几种规格。

(1)检查:使用前检查管尖是否完好,有破损的不能使用。

(2)洗涤:用自来水将移液管洗净后,再用纯化水淋洗 2~3 次。

(3)移液:先用待移液淋洗移液管 2~3 次。吸取液体时,用右手拇指及中指捏住移液管刻度线以上部分,左手拿洗耳球,将移液管插入待吸液中。先压出洗耳球内的空气,把洗耳球的尖口紧靠移液管管口,松开手指,使溶液吸入移液管内(实训图 2-1),当液面超过刻度线(或标线)1~2cm 时,移去吸耳球,立即用右手的示指按住管口,左手放下吸耳球,右手垂直拿紧移液管,使管尖移出液面,稍减示指压力,使液面缓慢下降至刻度,按紧示指使液体不再流出。

(4)放液:把移液管移至另一稍微倾斜的容器中,使管尖靠在容器内壁,移液管保持垂直,松开示指,使溶液沿容器壁自动流尽,等待 15 秒,取出移液管。一般移液管残留的最后一滴液体不要吹出,管上标有"吹"字的要吹出(实训图 2-2)。

实训结束后,洗净移液管,将移液管搁置在移液管架上。

2. 容量瓶 容量瓶是一种细颈梨形的平底瓶,瓶口带有磨口玻璃塞,瓶颈标线标明容量。容量瓶常用于准确配制一定体积的溶液,常用的规格有 50ml、100ml、250ml、500ml 和 1 000ml 等。

(1)检漏:用前应检查是否漏水 瓶内注水至刻度附近,盖好瓶塞。用一只手的拇指和中指捏住瓶颈,示指按住瓶塞;另一只手托住瓶底,把瓶倒立 2 分钟,检查瓶塞周围是否有水渗出,如果不漏,把瓶塞旋转 180°,塞紧,倒置,如仍不漏水,方可使用。容量瓶瓶塞与容量瓶要配套使用,常用橡皮筋系在瓶颈上,防止瓶塞打破或污染。

(2)洗涤:一般情况下,容量瓶用自来水洗涤干净后,再用纯化水淋洗 2~3 遍。

(3)溶液配制:若试剂是固体,先将称量好的试剂在烧杯中溶解,然后将溶液在玻璃棒引流下,转移至容量瓶中,用少量纯化水洗涤烧杯 2~3 次,洗涤液引流到容量瓶中(实训图 2-3);若是液体试剂,用移液管移取,移入容量瓶中,加入纯化水,摇动容量瓶使溶液混合均匀。向容量瓶中缓缓注入纯化水到刻度线下 1~2cm 处,改用胶头滴管滴加纯化水到刻度。最后盖好瓶塞,将容量瓶倒转摇动数次,使溶液混匀(实训图 2-4)。

实训图 2-1 移液管吸取液体

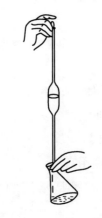

实训图 2-2 移液管放液

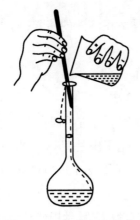

实训图 2-3 转移液体至容量瓶

实训图 2-4 容量瓶溶液混匀

二、溶液的配制

配制 9g/L 的 NaCl 溶液 100ml。

（一）实训方法

1. 计算　算出配制 9g/L 的 NaCl 溶液 100ml 所需 NaCl 质量。

2. 称量　用托盘天平称取所需 NaCl 的质量，放入 50ml 烧杯中。

3. 溶解　用量筒量取 20ml 纯化水倒入烧杯中，用玻璃棒不断搅拌使 NaCl 完全溶解。

4. 转移　用玻璃棒将烧杯中的 NaCl 溶液引流入 100ml 量筒中，然后用少量纯化水洗涤烧杯 2~3 次，洗涤液都注入量筒中。

5. 定容　继续往量筒中加入纯化水，加到离刻度线 1~2cm 处时，改用胶头滴管滴加纯化水至刻度。

6. 混匀　用玻璃棒搅拌混匀，即得 100ml 质量浓度为 9g/L 的 NaCl 溶液。

将配好的溶液倒入指定的回收容器中。

（二）实训结果

配制 9g/L 的 NaCl 溶液 100ml 所需 NaCl 质量是 0.9g。

三、溶液的稀释

用浓盐酸配制 0.2mol/L 盐酸溶液 100ml。

（一）实训步骤

1. 计算　算出配制 0.2mol/L 盐酸溶液 100ml 需用质量分数 0.37、密度 1.19kg/L 浓盐酸的体积。

2. 移取　用 2ml 吸量管吸取所需浓盐酸的体积，并移至 100ml 容量瓶中。

3. 定容　往容量瓶中加入纯化水，加到离标线约 1cm 处时，改用胶头滴管滴加纯化水至刻度，盖好瓶塞，将溶液混匀。

4. 装瓶　将配制好的溶液装入试剂瓶中，贴上标签备用。

（二）实训结果

配制 0.2mol/L 盐酸溶液 100ml 需用质量分数 0.37、密度 1.19kg/L 浓盐酸的体积为 1.68ml。

【问题与讨论】

1. 表示溶液浓度的方法有哪几种？

2. 溶液配制的基本方法有哪些？

3. 读取量筒数值时应该注意什么问题？

4. 用移液管移液前应做哪些准备？

（冯　姣）

实训 3　氧化还原反应

【实训目标】

1. 熟练掌握浓硫酸的氧化性和过氧化氢的还原性实训操作，加深对物质氧化还原性的理解。

2. 学会比较高锰酸钾在酸性、中性和强碱性溶液中的氧化性，观察它们的反应生成物。

【实训准备】

1. 药品　铜片、浓硫酸、3mol/L 硫酸溶液、0.5mol/L 硫酸溶液、0.05mol/L 亚硫酸钠溶液、0.2g/L 高锰酸钾溶液、30g/L 过氧化氢溶液、6mol/L 氢氧化钠溶液。

2. 仪器　试管、试管架、药匙、酒精灯、试管夹、烧杯。

【实训学时】1 学时。

【实训方法与结果】

一、浓硫酸的氧化性和过氧化氢的还原性

1. 浓硫酸的氧化性　取一支试管，加入浓硫酸 1ml，再加入铜片 1 小块，观察现象；然后加热试管，观察现象，写出化学反应方程式，指出反应中的氧化剂和还原剂。

2. 过氧化氢的还原性　取一支试管，加入 5 滴 0.2g/L 高锰酸钾溶液，3mol/L 硫酸溶液 3 滴。再加入 30g/L 过氧化氢溶液 3 滴，摇匀，观察现象，并解释原因。

二、高锰酸钾在酸性、中性和强碱性溶液中的氧化性及还原产物

1. 高锰酸钾在酸性溶液中的氧化性　取一支试管，加入 0.05mol/L 亚硫酸钠溶液 1ml 和 0.5mol/L 硫酸溶液 1ml，再加入 0.2g/L 高锰酸钾溶液 4 滴，观察溶液颜色变化，写出化学反应方程式，指出反应中的氧化剂、还原剂和还原产物。

2. 高锰酸钾在中性溶液中的氧化性   用纯化水 1ml 代替 0.5mol/L 硫酸溶液进行同样的实训,观察溶液颜色变化,写出化学反应方程式,指出反应中的氧化剂、还原剂和还原产物。

3. 高锰酸钾在强碱性溶液中的氧化性   用 6mol/L 氢氧化钠溶液 1ml 代替 0.5mol/L 硫酸溶液进行同样的实训,观察溶液颜色变化,写出化学反应方程式,指出反应中的氧化剂、还原剂和还原产物。

【问题与讨论】

1. 如何规范使用浓硫酸?

2. 高锰酸钾在不同酸碱性溶液中还原产物是分别是什么?

(林沁华)

实训 4   化学反应速率和化学平衡

【实训目标】

1. 熟练掌握浓度、温度、催化剂对化学反应速率影响的实训操作。

2. 学会浓度、温度对化学平衡影响的实训操作。

【实训准备】

1. 仪器   试管、温度计、烧杯、药匙、量筒、酒精灯、铁架台、玻璃棒、滴管、二氧化氮平衡仪。

2. 试剂   0.1mol/L $Na_2S_2O_3$ 溶液、0.1mol/L H_2SO_4 溶液、0.3mol/L $FeCl_3$ 溶液、1mol/L KSCN 溶液、3% H_2O_2 溶液、MnO_2 固体、KCl 晶体。

【实训学时】1 学时。

【实训方法与结果】

一、影响化学反应速率的因素

1. 浓度对化学反应速率的影响   取 2 支试管编为 1、2 号,并按下表数量要求加入 0.1mol/L $Na_2S_2O_3$ 溶液和纯化水并振荡摇匀。

再另取 2 支试管,各加入 0.1mol/L H_2SO_4 溶液 2ml,同时倒入 1、2 号试管中,摇匀,观察 2 支试管中浑浊现象出现的先后顺序,并填入下表。

试管号	$Na_2S_2O_3$ 溶液	纯化水	H_2SO_4 溶液	出现浑浊的先后顺序
1	4ml	–	2ml	
2	2ml	2ml	2ml	

2. 温度对化学反应速率的影响   另取 2 支试管编为 3、4 号,分别加入 0.1mol/L $Na_2S_2O_3$ 溶液 2ml,3 号试管置于室温,4 号试管放入高于室温 20℃的水浴中加热,几分钟后,同时向 3、4 号试管中加入 1ml 0.1mol/L H_2SO_4 溶液,摇匀观察浑浊出现的先后顺序,并填入下表。

试管号	$Na_2S_2O_3$ 溶液	H_2SO_4 溶液	温度	出现浑浊的先后顺序
3	2ml	1ml	室温	
4	2ml	1ml	室温 +20℃	

3. 催化剂对化学反应速率的影响　取 2 支试管,各加入 3 % 的 H_2O_2 溶液各 2ml,其中一支加入少量 MnO_2,观察 2 支试管生成气体的先后顺序,并用带火星的木条检验氧气的生成。

二、影响化学平衡的因素

1. 浓度对化学平衡的影响　在一个小烧杯中,加入 0.3mol/L $FeCl_3$ 溶液和 1mol/L KSCN 溶液各 5 滴,再加入 20ml 纯化水稀释并摇匀。将此溶液分装于 4 支试管并编为 1、2、3、4 号,4 号试管留作对照用,然后按下表操作,并完成下表。

试管号	加入试剂	现象	化学平衡移动方向
1	0.3mol/L $FeCl_3$ 溶液 3 滴		
2	1mol/L KSCN 溶液 3 滴		
3	少许 KCl 晶体		
4	用作对照		

2. 温度对化学平衡的影响　充有 NO_2 和 N_2O_4 混合气体的平衡仪,在室温下达到化学平衡时,颜色是一样的。将平衡仪连通管活塞关闭,并将其一端放在装有热水的烧杯中,另一端放在装有冰水的烧杯中,观察颜色变化,与在室温下的平衡仪颜色作对照,并完成下表。

反应条件	现象	化学平衡移动的方向
热水中		
冰水中		

【问题与讨论】

1. 影响化学平衡速率的因素有哪些?

2. 化学平衡移动的条件是什么?

(林沁华)

实训 5　元素及其化合物

【实训目标】

1. 熟练掌握金属钠及过氧化钠的性质,Cl^-、SO_4^{2-}、NH_4^+、Fe^{3+} 的检验。

2. 学会验证浓硫酸的特性、漂白粉的漂白作用、铝的两性。

【实训准备】

1. 仪器　金属镊子、玻璃片、小刀、火柴、烧杯、试管、酒精灯、点滴板、试管夹、试管、玻璃棒。

2. 试剂　紫色石蕊试液、酚酞、红色石蕊试纸、蓝色石蕊试纸,金属钠、铝屑、Zn 粒、Cu 片,漂白粉、过氧化钠固体、NH_4Cl 晶体,氯水、浓氨水、浓盐酸、浓 H_2SO_4,1mol/L HCl 溶液、1mol/L

NaOH 溶液，3mol/L H₂SO₄ 溶液、3mol/L HNO₃ 溶液，0.1mol/L AgNO₃ 溶液、0.1mol/L NaCl 溶液、0.1mol/L Na₂CO₃ 溶液、0.1mol/L Na₂SO₄ 溶液、0.1mol/L BaCl₂ 溶液、0.1mol/L FeCl₃ 溶液、0.1mol/L KSCN 溶液。

3. 其他　有色布条。

【实训学时】2 学时。

【实训方法与结果】

1. 金属钠的性质

（1）钠的强还原性：用镊子取一小块金属钠，用滤纸吸去表面的煤油，放在玻璃片上，用小刀切开，观察现象。

（2）钠与水的反应：在小烧杯中加入 20ml 水，将上述切好的金属钠放入烧杯中，观察现象，写出化学反应方程式。

2. 过氧化钠的性质　取一支试管加入 1ml 紫色石蕊试液，加入过氧化钠粉末，用带有火星的火柴杆插入试管中，观察现象，写出化学反应方程式。

3. 漂白粉的性质　取少量漂白粉固体放入小烧杯中，加入少量的水使之溶解，滴加 3mol/L 的硫酸数滴，放入有色布条，数分钟后，取出布条，观察布条的颜色，解释原因。

4. 氯离子的鉴定

（1）取 1 支试管，加入 1ml 0.1mol/L 的 NaCl 溶液，再加入 0.1mol/L 的 AgNO₃ 溶液数滴，观察析出沉淀的颜色。然后加 3mol/L 的 HNO₃ 溶液数滴，观察沉淀是否溶解，写出化学反应方程式。

（2）取 2 支试管，分别加入 0.1mol/L NaCl 溶液和 0.1mol/L Na₂CO₃ 溶液各 1ml，然后各加入 2 滴 0.1mol/L AgNO₃ 溶液 3 滴，观察 2 支试管是否有沉淀生成。在上述试管中加入 3mol/L HNO₃ 溶液数滴，振荡，观察现象，写出化学反应方程式。

5. 浓硫酸的特性

（1）浓硫酸的稀释：在 1 支试管中加入约 5ml 纯化水，然后小心沿试管壁慢慢加入浓 H₂SO₄ 约 1ml，轻轻振荡，用手触摸试管外壁温度的变化，解释原因。

（2）浓硫酸的脱水性：用玻璃棒蘸取浓 H₂SO₄ 在纸上写字，观察字迹变化并解释原因。

（3）浓硫酸与活泼金属的作用：在试管中加入约 1ml 浓 H₂SO₄，小心加入 1 粒 Zn 粒，微热，观察现象。写出化学反应方程式。

（4）浓硫酸与不活泼金属的作用：在 1 支试管中加入浓 H₂SO₄ 约 1ml 和一小块 Cu 片，在酒精灯上加热（管口不要对着人），用湿润的蓝色石蕊试纸在试管口检验所生成的气体，观察发生的现象。片刻后停止加热，待试管冷却后将溶液沿试管壁倒入另一盛有 5ml 水的试管中，观察溶液的颜色，写出化学反应方程式。

6. SO₄²⁻ 鉴定　在 1 支试管中加入 0.1mol/L Na₂SO₄ 溶液 10 滴和 0.1mol/L BaCl₂ 溶液 2 滴，放置几分钟，用滴管吸去试管中的上层清液，在沉淀中加入 6mol/L HCl 溶液 10 滴并加热。若沉淀不发生溶解，则说明含 SO₄²⁻。写出化学反应方程式。

7. 氨的化学性质　在点滴板上滴入 3 滴浓盐酸，用玻璃棒蘸取浓氨水后，靠近浓盐酸（勿接触），观察现象,写出化学反应方程式。

8. NH_4^+ 的检验　取少量 NH_4Cl 固体于试管中,加入 1mol/L NaOH 溶液 1ml,加热并将湿润红色石蕊试纸放在试管口,观察红色石蕊试纸颜色变化,写出化学反应方程式。

9. 铝的两性　在 2 支试管里分别倒入 2ml 1mol/L 的 HCl 溶液和 2ml 1mol/L 的 NaOH 溶液,然后各加入少量铝屑,观察现象,写出化学反应方程式。

10. Fe^{3+} 的检验　取 0.1mol/L $FeCl_3$ 溶液于试管中,再滴加 0.1mol/L KSCN 溶液数滴,观察现象,写出化学反应方程式。

【问题与讨论】

1. 稀释浓硫酸时要注意什么问题?

2. 怎么鉴别 SO_4^{2-}?

3. 如何鉴别 Fe^{3+}?

（李　曼　蔡德昌）

实训 6　电解质溶液

【实训目标】

1. 学会区别强电解质和弱电解质;用酸碱指示剂、pH 试纸测定溶液的酸碱性。

2. 熟练掌握同离子效应对弱电解质解离平衡的影响。

【实训准备】

1. 仪器　试管、100ml 烧杯、量筒、点滴板、滴管。

2. 药品　红色石蕊试纸、蓝色石蕊试纸、酚酞、甲基橙、大理石、纯化水、pH 试纸、醋酸铵固体;1mol/L HCl 溶液、1mol/L CH_3COOH 溶液、0.1mol/L HCl 溶液、0.1mol/L CH_3COOH 溶液、0.1mol/L NaOH 溶液、0.1mol/L $NH_3 \cdot H_2O$ 溶液、0.1mol/L CH_3COONa 溶液、0.1mol/L $NaHCO_3$ 溶液、0.1mol/L NaCl 溶液、0.1mol/L NH_4Cl 溶液。

【实训学时】2 学时。

【实训方法与结果】

一、强电解质和弱电解质

取 2 支试管,分别加入 1mol/L HCl 溶液和 1mol/L CH_3COOH 溶液各 1ml,各加入一小块大理石,观察现象,解释原因,写出化学方程式。

二、溶液的酸碱性及酸碱指示剂

1. 常用指示剂在酸碱溶液中颜色的变化

（1）取 3 支试管,各加入 1ml 纯化水和 1 滴甲基橙试液,观察其颜色。然后在其中一支试管中加入 2 滴 0.1mol/L HCl 溶液,在另一支试管中加入 2 滴 0.1mol/L NaOH 溶液,观察颜色的变化,并记录在下表中。

（2）取 3 支试管,各加入 1ml 纯化水和 1 滴酚酞试液,观察其颜色。然后在其中一支试管中加入 2 滴 0.1mol/L HCl 溶液,在另一支试管中加入 2 滴 0.1mol/L NaOH 溶液,观察颜色的变化,并记录在下表中。

（3）取 3 支试管，各加入 1ml 纯化水和 2 滴石蕊试液，观察其颜色。然后在其中一支试管中加入 2 滴 0.1mol/L HCl 溶液，在另一支试管中加入 2 滴 0.1mol/L NaOH 溶液，观察颜色的变化，并记录在下表中。

溶液	甲基橙	酚酞	石蕊
纯化水			
盐酸			
氢氧化钠			

2. 用 pH 试纸测定溶液 pH   取 pH 试纸 5 片放入点滴板的小孔内，每孔 1 片，分别加入 0.1mol/L HCl 溶液、CH_3COOH 溶液、NaOH 溶液、$NH_3 \cdot H_2O$ 溶液和 H_2O 各 2 滴。将试纸颜色与比色卡对照，可得溶液的近似 pH，将实验测得值填入下表，与理论计算值比较。

pH	CH_3COOH	HCl	H_2O	$NH_3 \cdot H_2O$	NaOH
测得值					
理论值	2.88	1.0	7.0	11.12	13.0

三、同离子效应

1. 在试管中加入 2ml 0.1mol/L 氨水，再加入一滴酚酞溶液，观察溶液的颜色有何变化？再加入少量醋酸铵固体，振摇试管使其溶解，观察溶液颜色有何变化？说明原因。

2. 在试管中加入 0.1mol/L CH_3COOH 溶液 2ml，再加入 1 滴甲基橙，观察溶液的颜色有何变化？再加入少量醋酸铵固体，振摇试管使其溶解，观察溶液颜色有何变化？说明原因。

四、盐的水解

取红色石蕊试纸、蓝色石蕊试纸及 pH 试纸各 3 片，分别放在点滴板上，每孔 1 片，再分别滴加 1 滴 0.1mol/L $NaHCO_3$ 溶液、0.1mol/L NaCl 溶液和 0.1mol/L NH_4Cl 溶液，观察试纸颜色的变化，把结果填入表内。

溶液	红色石蕊试纸	蓝色石蕊试纸	pH	酸碱性
$NaHCO_3$				
NaCl				
NH_4Cl				

【问题与讨论】

1. 怎样区分强电解质和弱电解质?

2. 怎样正确使用酸碱指示剂、pH试纸测试溶液的酸碱性?

（李仲胜）

实训 7 缓 冲 溶 液

【实训目标】

1. 学会缓冲溶液的配制方法。

2. 学会验证缓冲溶液的缓冲作用。

【实训准备】

1. 仪器 试管、100ml烧杯、量筒、点滴板、滴管。

2. 药品 0.1mol/L CH_3COOH 溶液、0.1mol/L CH_3COONa 溶液、0.1mol/L HCl溶液、0.1mol/L NaOH溶液、纯化水、精密pH试纸。

【实训学时】2学时。

【实训方法与结果】

一、缓冲溶液的配制

取洁净的小烧杯1个,加入纯化水10ml、0.1mol/LCH_3COOH溶液5ml和0.1mol/L CH_3COONa溶液5ml,混匀,即得到CH_3COOH-CH_3COONa缓冲溶液,并用精密pH试纸测该缓冲溶液的pH。

二、缓冲溶液的缓冲作用

取4支洁净试管并依次编号,向1、2号试管中各加入自制的CH_3COOH-CH_3COONa缓冲溶液5ml,3、4号试管中各加入纯化水5ml。按下表进行实训,并将有关数据填入下表。

试管编号	pH	加入的酸或碱	pH	pH的变化值
1		1滴 0.1mol/L HCl溶液		
2		1滴 1mol/L NaOH溶液		
3		1滴 0.1mol/L HCl溶液		
4		1滴 1mol/L NaOH溶液		

【问题与讨论】

1. CH_3COOH-CH_3COONa缓冲溶液中的缓冲对属于哪种类型?

2. 如果向CH_3COOH-CH_3COONa缓冲溶液中各加入5ml浓度为0.1mol/L HCl或NaOH溶液,溶液的pH有何变化? 请说明原因。

（孙秀明）

实训 8　配位化合物的生成和性质

【实训目标】

1. 熟练掌握配合物的制备。

2. 学会验证配离子的稳定性；区别配合物与复盐、配离子与简单离子。

【实训准备】

1. 仪器　试管、表面皿（大、小）、100ml 烧杯、石棉网、铁架台（带铁圈）、酒精灯。

2. 试剂　6mol/L NaOH 溶液、6mol/L $NH_3 \cdot H_2O$ 溶液、0.1mol/L $CuSO_4$ 溶液、0.1mol/L $BaCl_2$ 溶液、0.1mol/L NaOH 溶液、0.1mol/L $AgNO_3$ 溶液、0.1mol/L NaCl 溶液、0.1mol/L $NH_4Fe(SO_4)_2$ 溶液、0.1mol/L KSCN 溶液、0.1mol/L $FeCl_3$ 溶液、0.1mol/L $K_3[Fe(CN)_6]$ 溶液。

3. 其他　红色石蕊试纸。

【实训学时】2 学时。

【实训方法与结果】

一、配离子的生成和配离子的稳定性

（一）$[Cu(NH_3)_4]^{2+}$

1. $[Cu(NH_3)_4]^{2+}$ 配离子的生成　取试管 1 支，加入 0.1mol/L $CuSO_4$ 溶液 2ml，逐滴加入 6mol/L $NH_3 \cdot H_2O$ 溶液，边加边振荡，待生成的沉淀完全溶解后再滴加 1~2 滴 6mol/L $NH_3 \cdot H_2O$ 溶液，观察现象，写出化学反应方程式。反应液留着备用。

2. $[Cu(NH_3)_4]^{2+}$ 配离子的稳定性　取试管 2 支，各加入 0.1mol/L $CuSO_4$ 溶液 10 滴，再分别加入 0.1mol/L $BaCl_2$ 溶液 4 滴和 0.1mol/L NaOH 溶液 4 滴，观察现象，写出化学反应方程式。

另取试管 2 支，各加入 10 滴上面已制取的 $[Cu(NH_3)_4]SO_4$ 溶液，再分别加入 0.1mol/L $BaCl_2$ 溶液 4 滴和 0.1mol/L NaOH 溶液 4 滴，观察现象，并解释原因。

（二）$[Ag(NH_3)_2]^+$

取试管 1 支，加入 0.1mol/L $AgNO_3$ 溶液 10 滴，滴入 0.1mol/L NaCl 溶液 2 滴，观察现象，写出化学反应方程式。

另取 1 支试管，加入 0.1mol/L $AgNO_3$ 溶液 10 滴，逐滴加入 6mol/L $NH_3 \cdot H_2O$ 溶液，边加边振荡，待生成的沉淀完全溶解后再加 1~2 滴 6mol/L $NH_3 \cdot H_2O$ 溶液，观察现象，写出化学反应方程式。然后在此溶液中滴入 0.1mol/L NaCl 溶液 2 滴，观察现象，并解释原因。

二、配合物和复盐的区别

（一）复盐 $NH_4Fe(SO_4)_2$ 中简单离子的鉴别

1. SO_4^{2-} 鉴别　取试管 1 支，加入 0.1mol/L $NH_4Fe(SO_4)_2$ 溶液 10 滴，再加入 0.1mol/L $BaCl_2$ 溶液 2 滴，观察现象。

2. Fe^{3+} 鉴别　取试管 1 支，加入 0.1mol/L $NH_4Fe(SO_4)_2$ 溶液 10 滴，再加入 0.1mol/L KSCN 溶液 2 滴，观察现象。

3. NH_4^+ 鉴别　在较大的一块表面皿的中心，加入 0.1mol/L $NH_4Fe(SO_4)_2$ 溶液 5 滴，再加入 6mol/L NaOH 溶液 3 滴，混匀。在另一块较小的表面皿中心放一条润湿的红色石蕊试纸，把它盖在大表面皿上做成气室，将此气室放在水浴上微热 2 分钟，观察现象。

（二）配合物［Cu(NH₃)₄］SO₄ 中的离子鉴别

1. SO₄²⁻ 鉴别　取试管 1 支，加入 10 滴自制的［Cu(NH₃)₄］SO₄ 溶液，再滴入 0.1mol/L BaCl₂ 溶液 4 滴，观察现象。

2. Cu²⁺ 鉴别　另取试管 1 支，加入自制的［Cu(NH₃)₄］SO₄ 溶液 10 滴，再滴入 0.1mol/L NaOH 溶液 4 滴，观察是否产生沉淀。

根据以上实训情况，说明配合物和复盐的区别。

三、配离子和简单离子的区别

1. 取试管 1 支，加入 0.1mol/L FeCl₃ 溶液 10 滴，再加入 0.1mol/L KSCN 溶液 5 滴，观察现象。

2. 另取试管 1 支，以 K₃［Fe(CN)₆］溶液代替 FeCl₃ 溶液做相同的实验，观察现象，并解释结果。

【问题与讨论】

1. 说出配离子和简单离子、配合物和复盐的区别。

2. 在［Cu(NH₃)₄］SO₄ 溶液加入 BaCl₂ 溶液有白色沉淀生成，而加入 NaOH 溶液却没有蓝色沉淀生成，请解释原因。

（王宙清）

常用化学用表

一、国际单位制(SI)基本单位

物理量	单位名称	单位符号
长度(l)	米	m
质量(m)	千克(公斤)	kg
时间(t)	秒	s
电流(I)	安[培]	A
热力学温度(T)	开[尔文]	K
物质的量(n)	摩[尔]	mol
发光强度(I)	坎[德拉]	cd

二、常用酸碱溶液的相对密度和浓度表

化学式/20℃	相对密度	质量分数/%	质量浓度/($g·cm^{-3}$)	物质的量/($mol·L^{-1}$)
浓 HCl	1.19	38.0		12
稀 HCl	1.10	20.0	10	6
稀 HCl				2.8
浓 HNO_3	1.42	69.8		16
稀 HNO_3			10	1.6
稀 HNO_3	1.2	32.0		6
浓 H_2SO_4	1.84	98		18
稀 H_2SO_4			10	1
稀 H_2SO_4	1.18	24.8		3
浓 HAc	1.05	90.5		17
HAc	1.045	36~37		6
$HClO_4$	1.47	74		13
H_3PO_4	1.689	85		14.6
浓 $NH_3·H_2O$	0.90	25~27(NH_3)		15
稀 $NH_3·H_2O$		10(NH_3)		6
稀 $NH_3·H_2O$		2.5(NH_3)		1.5
NaOH	1.109	10		2.8

三、常用单位及换算表

量的名称	量的符号	单位名称	单位符号	与基本单位的换算关系
长度	l, L	米	m	SI 的基本单位
		厘米	cm	百分之一米 $1cm=10^{-2}m$
		毫米	mm	千分之一米 $1mm=10^{-3}m$
		微米	μm	百万分之一米 $1\mu m=10^{-6}m$
		纳米	nm	十亿分之一米 $1nm=10^{-9}m$
质量	m	千克	kg	SI 的基本单位
		克	g	千分之一千克 $1g=10^{-3}kg$
		毫克	mg	百万分之一千克 $1mg=10^{-6}kg$
时间	t	秒	s	SI 的基本单位
		分	min	$1min=60s$
		小时	h	$1h=60min$
摄氏温度	t	摄氏度	℃	
体积	V	升	L（l）	$1L=10^{-3}m^3$
		毫升	ml	$1ml=10^{-3}L$
物质的量	n	摩尔	mol	SI 的基本单位
物质的量浓度	C_B	摩尔每升	$mol \cdot L^{-1}$	
摩尔质量	M	克每摩尔	$g \cdot mol^{-1}$	
摩尔体积	V_m	升每摩尔	$L \cdot mol^{-1}$	
密度	ρ	克每立方厘米	$g \cdot cm^{-3}$	
		千克每立方厘米	$kg \cdot cm^{-3}$	
		千克每升	$kg \cdot L^{-1}$	
能量	E（w）	焦耳	J	
		千焦	KJ	SI 的导出单位
压强	P	帕斯卡	Pa	
		千帕	kPa	SI 的导出单位
质量浓度	ρ_B	克每升	$g \cdot L^{-1}$	
体积分数	φ_B			
质量分数	ω_B			

四、几种常见弱电解质的解离常数（25℃，0.1mol/L）

电解质	化学式	K_a（或 K_b）	pK_a（或 pK_b）
醋酸	CH_3COOH	$K_a=1.76 \times 10^{-5}$	4.75
碳酸	H_2CO_3	$K_{a_1}=4.30 \times 10^{-7}$	6.37
		$K_{a_2}=5.61 \times 10^{-11}$	10.25

电解质	化学式	K_a（或 K_b）	pK_a（或 pK_b）
磷酸	H_3PO_4	$K_{a_1}=7.52\times10^{-3}$	2.12
		$K_{a_2}=6.23\times10^{-8}$	7.21
		$K_{a_3}=2.20\times10^{-13}$	12.67
草酸	$H_2C_2O_4$	$K_{a_1}=5.90\times10^{-2}$	1.23
		$K_{a_2}=6.40\times10^{-5}$	4.19
硫酸	H_2SO_4	$K_a=1.20\times10^{-2}$	1.92
亚硫酸	H_2SO_3（18℃）	$K_{a_1}=1.54\times10^{-2}$	1.81
		$K_{a_2}=1.02\times10^{-7}$	6.91
氢硫酸	H_2S（18℃）	$K_{a_1}=9.10\times10^{-8}$	7.04
		$K_{a_2}=1.10\times10^{-12}$	11.96
氢氟酸	HF	$K_a=3.35\times10^{-4}$	3.45
氢氰酸	HCN	$K_a=4.93\times10^{-10}$	9.31
砷酸	H_3AsO_4	$K_{a_1}=5.62\times10^{-3}$	2.25
		$K_{a_2}=1.70\times10^{-7}$	6.77
		$K_{a_3}=2.95\times10^{-12}$	11.53
亚砷酸	H_3AsO_3	$K_a=6.00\times10^{-10}$	9.23
硼酸	H_3BO_3	$K_{a_1}=7.30\times10^{-10}$	9.14
铬酸	H_2CrO_4	$K_{a_1}=1.80\times10^{-1}$	0.74
		$K_{a_2}=3.20\times10^{-7}$	6.49
次溴酸	HBrO	$K_a=2.06\times10^{-9}$	8.69
次氯酸	HClO（18℃）	$K_a=2.95\times10^{-8}$	7.53
次碘酸	HIO	$K_a=2.30\times10^{-11}$	10.64
碘酸	HIO_3	$K_a=1.69\times10^{-1}$	0.77
亚硝酸	HNO_2（12.5℃）	$K_a=4.60\times10^{-4}$	3.77
高碘酸	HIO_4	$K_a=2.30\times10^{-2}$	1.64
亚磷酸	H_3PO_3（18℃）	$K_{a_1}=1.00\times10^{-2}$	2.00
		$K_{a_2}=2.60\times10^{-7}$	6.59
硅酸	H_4SiO_4（30℃）	$K_{a_1}=2.20\times10^{-10}$	9.66
		$K_{a_2}=2.00\times10^{-12}$	11.70
		$K_{a_3}=1.00\times10^{-12}$	12.00
氨水	$NH_3\cdot H_2O$	$K_b=1.76\times10^{-5}$	4.75

电解质	化学式	K_a(或K_b)	pK_a(或pK_b)
氢氧化钙	Ca(OH)$_2$(25℃)	$K_{b_1}=3.74\times10^{-3}$	2.43
	(30℃)	$K_{b_2}=4.0\times10^{-2}$	1.40
氢氧化铅	Pb(OH)$_2$	$K_b=9.60\times10^{-4}$	3.02
氢氧化锌	Zn(OH)$_2$	$K_b=9.60\times10^{-4}$	3.02

五、酸、碱和盐的溶解性表(293.15K)

阳离子	阴离子								
	OH⁻	NO₃⁻	Cl⁻	SO₄²⁻	S²⁻	SO₃²⁻	CO₃²⁻	SiO₃²⁻	PO₄³⁻
H⁺	–	溶、挥	溶、挥	溶	溶、挥	溶、挥	溶、挥	微	溶
NH₄⁺	溶、挥	溶	溶	溶	溶	溶	溶	溶	溶
K⁺	溶	溶	溶	溶	溶	溶	溶	溶	溶
Na⁺	溶	溶	溶	溶	溶	溶	溶	溶	溶
Ba²⁺	溶	溶	溶	不	–	不	不	不	不
Ca²⁺	微	溶	微	微	–	不	不	不	不
Mg²⁺	不	溶	溶	溶		微	微	不	不
Al³⁺	不	溶	溶	溶	–	–	–	不	不
Mn²⁺	不	溶	溶	溶	不	不	不	不	不
Zn²⁺	不	溶	溶	溶	不	不	不	不	不
Cr²⁺	不	溶	溶	溶	–		–	不	不
Fe²⁺	不	溶	溶	溶	不	不	不	不	不
Fe³⁺	不	溶	溶	溶	–	–	不	不	不
Sn²⁺	不	溶	溶	溶	不	–	–	–	不
Pb²⁺	不	溶	微	不	不	不	不	不	不
Cu²⁺	不	溶	溶	溶	不	不	不	不	不
Bi³⁺	不	溶	–	溶	不	不	不	不	不
Hg⁺	–	溶	不	微	不	不	不	不	不
Hg²⁺	–	溶	溶	溶	不	不	不	–	不
Ag⁺	–	溶	不	微	不	不	不	不	不

教学大纲（参考）

一、课程性质

无机化学基础是中等卫生职业教育医学检验技术专业的一门重要的专业核心课程。本课程教学内容主要包括基础理论、元素化学和实训技能。基础理论主要学习无机化学的基础理论，包括溶液、物质结构与元素周期律、电解质溶液、化学反应及其规律、缓冲溶液、配位化合物等；元素化学主要学习重要元素单质及其化合物的基本知识；实训内容包括化学实训的基本操作、溶液的配制和稀释及有关实训内容。本课程的任务是全面贯彻党的教育方针，重视课程思政元素融入课堂，落实立德树人根本任务，服务发展，促进就业；培养学生无机化学基础学科核心素养，使学生获得必备的无机化学基础知识、基本技能和方法，认识物质变化规律，养成发现、分析、解决无机化学相关问题的能力；培养学生精益求精的工匠精神、严谨求实的科学态度和勇于开拓的创新意识；引领学生逐步形成正确的世界观、人生观和价值观，自觉践行社会主义核心价值观，成为德智体美劳全面发展的高素质劳动者和技术技能人才。

二、课程目标

通过本课程的学习，学生应该明确职业素养目标、专业知识和技能目标，达到无机化学基础课程知识和技能目标。

（一）职业素养目标

1. 具有良好的法律意识，能自觉遵守法律法规和企事业单位的规章制度。

2. 具有良好的人文精神、职业道德和医学伦理观念，尊重病人，保护病人隐私。

3. 具有良好的身体素质、心理素质和较好的社会适应能力，能适应基层医疗卫生工作的实际需要。

4. 具有认真的工作态度、严谨踏实的工作作风，以及客观真实的计量观。

5. 具有终身学习的理念和不断创新的精神。

6. 具有良好的人际沟通能力，能与病人及家属进行有效沟通，与相关医务人员进行专业交流。

（二）专业知识和技能目标

1. 具有进行各类标本采集、保存、运送及处理能力。

2. 具有独立解决临床检验、卫生检验、病理技术、采供血检验基础性技术问题的能力。

3. 具有规范地使用与维护常用的医学检验仪器设备的能力。

4. 具有能够独立完成医学检验常规标本检验能力。

5. 具有进行常规质控能力。

（三）课程知识和技能目标

1. 掌握从事医学检验技术专业所必需的无机化学基本知识和基本技能。

2. 能熟练进行化学实验基本操作。

3. 能够为学习后续相关专业知识和技能、增强继续学习和适应职业变化的能力奠定坚实基础。

三、学时安排

教学内容	学时		
	理论	实践	合计
一、绪论	2	2	4
二、溶液	6	2	8
三、物质结构与元素周期律	6	0	6
四、化学反应及其规律	8	2	10
五、常见元素及其化合物	6	2	8
六、电解质溶液	6	2	8
七、缓冲溶液	2	2	4
八、配位化合物	4	2	6
合计	40	14	54

四、课程内容和要求

单元	教学内容	教学目标		教学活动参考	参考学时	
		知识目标	技能目标		理论	实践
一、绪论	1. 无机化学的地位和作用 2. 无机化学与医学的关系 3. 无机化学的教学内容和教学任务 4. 无机化学的学习方法	了解 熟悉 掌握 了解		理论讲授 讨论教学 启发教学	2	
	实训1 化学实训的基本操作		熟练掌握	技能实践		2
二、溶液	（一）分散系 1. 分散系概念及类型 2. 胶体溶液 3. 高分子溶液 （二）物质的量 1. 物质的量及其单位 2. 摩尔质量 3. 有关物质的量计算 （三）溶液的浓度 1. 溶液浓度的表示方法 2. 溶液浓度的换算 3. 溶液的配制和稀释	掌握 熟悉 了解 掌握 熟悉 掌握 掌握 熟悉 掌握		理论讲授 讨论教学 演示教学 启发教学 PBL教学	6	

单元	教学内容	教学目标 知识目标	教学目标 技能目标	教学活动 参考	参考学时 理论	参考学时 实践
二、溶液	（四）溶液的渗透压					
	1. 渗透现象及渗透压	熟悉				
	2. 渗透压与溶液浓度的关系	掌握				
	3. 渗透压在医学上的应用	了解				
	实训2　溶液的配制和稀释		熟练掌握	技能实践		2
三、物质结构与元素周期律	（一）原子的结构			理论讲授 讨论教学 启发教学 演示教学	6	
	1. 原子组成	掌握				
	2. 同位素及其在医学中的应用	熟悉				
	3. 核外电子的运动	熟悉				
	（二）元素周期律和元素周期表					
	1. 元素周期律	掌握				
	2. 元素周期表	熟悉				
	（三）化学键					
	1. 离子键	熟悉				
	2. 共价键	熟悉				
	（四）分子间作用力和氢键					
	1. 分子极性	熟悉				
	2. 分子间作用力	了解				
	3. 氢键	熟悉				
四、化学反应及其规律	（一）氧化还原反应			演示教学 启发教学 讨论教学 理论讲授 讨论教学 课件教学	8	
	1. 氧化还原反应的概念	掌握				
	2. 氧化还原反应方程式的配平	熟悉				
	（二）化学反应速率与化学平衡					
	1. 化学反应速率	掌握				
	2. 化学平衡	掌握				
	实训3　氧化还原反应		熟练掌握	技能实践		1
	实验4　化学反应速率和化学平衡		熟练掌握	技能实践		1 (2)
五、常见元素及其化合物	（一）常见非金属元素及其化合物				6	
	1. 卤素及其化合物	掌握				
	2. 氧、硫及其化合物	熟悉				
	3. 氮及其化合物	熟悉				

单元	教学内容	教学目标		教学活动参考	参考学时	
		知识目标	技能目标		理论	实践
五、常见元素及其化合物	（二）常见金属元素及其化合物					
	1. 钠及其化合物	掌握				
	2. 铝及其化合物	熟悉				
	3. 铁及其化合物	熟悉				
	实训5　元素及其化合物		熟练掌握	技能实践		2
六、电解质溶液	（一）电解质			理论讲授	6	
	1. 强电解质和弱电解质	掌握		讨论教学		
	2. 弱电解质的解离平衡	熟悉		演示教学		
	3. 同离子效应	熟悉		启发教学		
	（二）溶液的酸碱性			案例教学		
	1. 水的解离	熟悉		任务教学		
	2. 溶液的酸碱性和pH	掌握				
	（三）离子反应					
	1. 离子反应和离子方程式	掌握				
	2. 离子反应发生的条件	掌握				
	（四）盐的水解					
	1. 盐的类型	掌握				
	2. 盐的水解及其溶液的酸碱性	熟悉				
	3. 盐的水解在医学上的意义	了解				
	实训6　电解质溶液		熟练掌握	技能实践		2
七、缓冲溶液	（一）缓冲作用和缓冲溶液				2	
	1. 缓冲溶液的概念	熟悉				
	2. 缓冲溶液的组成和类型	掌握				
	（二）缓冲作用原理与缓冲溶液的配制					
	1. 缓冲作用原理	熟悉				
	2. 缓冲溶液的配制	了解				
	3. 缓冲溶液在医学上的意义	了解				
	实训7　缓冲溶液		学会	技能实践		2

单元	教学内容	教学目标		教学活动参考	参考学时	
		知识目标	技能目标		理论	实践
八、配位化合物	（一）配合物				4	
	1. 配合物的概念	掌握				
	2. 配合物的组成	掌握		理论讲授		
	3. 配合物的命名	熟悉		讨论教学		
	4. 配合物的稳定常数	了解		启发教学		
	（二）螯合物			演示教学		
	1. 螯合物的概念	了解				
	2. 螯合物的形成	了解				
	实训8　配位化合物的生成和性质		学会	技能实践		2

五、说明

（一）教学安排

本课程标准主要供中等卫生职业教育医学检验技术专业教学使用，第一学期开设，总学时为54学时，其中理论教学40学时，实践教学14学时。

（二）教学要求

本课程贯彻以就业为导向、以能力为本位的教学指导思想，根据医学检验技术专业培养目标，结合生产与生活实际，对课程内容进行合理规划，科学融入课程思政元素，集任务实践、理论实践于一体，强化技能训练、讲练结合，增强课程的灵活性、实用性和实践性。

1. 本课程对知识部分教学目标分为掌握、熟悉、了解三个层次。掌握：指对基本知识、基本理论有较深刻的认识，并能综合、灵活地运用所学的知识解决实际问题。熟悉：指能够领会概念、原理的基本含义，解释现象。了解：指对基本知识、基本理论能有一定的认识，能够记忆所学的知识要点。

2. 本课程重点突出以岗位胜任力为导向的教学理念，在技能目标分为熟练掌握和学会两个层次。熟练掌握：指能独立、规范地解决实践技能问题，完成实践技能操作。学会：指在教师的指导下能初步实施实践技能操作。

3. 本课程教学过程中要紧紧围绕立德树人的根本任务，有机融入课程思政元素，坚持党的基本路线，坚持正确政治方向，为党育人，为国育才，结合人才培养目标和课程特点，培养德智体美劳全面发展的高素质劳动者和技术技能人才。

4. 本课程每章增加了二维码数字资源。数字资源包括必设的每章PPT和每章目标测试题，要指导学生使用好纸质教材和数字资源，让数字资源发挥它应有的作用。

（三）教学建议

1. 本课程依据中职医学检验技术专业的工作任务、职业能力要求，重视课程思政元素融入课堂内容，强化理实一体化，突出"做中学、学中做"的职业教育特色，根据培养目标、教学内容和学生的学习特点以及职业资格考试等要求,提倡项目教学、案例教学、任务教学、角色扮演、情景教学等方法,利用校内外实训基地,将学生的自主学习、合作学习和教师引导教学等教学组织形式有机结合。

2. 教学过程中,可通过测验、观察记录、技能考核和理论考试等多种形式对学生的职业素养、专业知识和技能进行综合考评。应体现评价主体的多元化,评价过程的多元化,评价方式的多元化。评价内容不仅关注学生对知识的理解和技能的掌握,更要关注知识在临床实践中运用于解决实际问题的能力水平,重视职业素养的形成。

参 考 文 献

[1] 赵红.无机化学基础[M].3版.北京:人民卫生出版社,2016.

[2] 刘斌,刘景晖,许颂安.化学[M].2版.北京:高等教育出版社,2014.

[3] 石宝珏,宋守正.基础化学[M].北京:人民卫生出版社,2015.

[4] 魏祖期.基础化学[M].8版.北京:人民卫生出版社,2013.

[5] 接明军,宋守正.药用化学基础[M].北京:人民卫生出版社,2019.

思考与练习参考答案

一、填空题

1. 结构、性质、变化规律

2. 无机化学、有机化学、分析化学、物理化学

二、简答题 略

三、初中化学知识测试 略

第二章 溶 液

一、填空题

1. 胶粒带电、水化膜作用

2. 0.3

3. 63g/mol、126g

4. 小分子（如葡萄糖）和小离子（Na^+、Cl^-、HCO_3^- 等）、维持细胞内外水盐平衡、大分子和大离子胶体物质（如蛋白质、核酸等）、维持血容量和血管内外水盐平衡

5. 6.02×10^{23} 个、1.204×10^{24} 个

6. 大、缓慢

7. 2.5mmol/L

8. 低渗

9. 2、4

10. 溶质的粒子数（分子或离子）、绝对温度、溶质的本性

二、简答题 略

三、计算题

1. 3 支

2. 80g/L

3. 7.2g/L

第三章 物质结构与元素周期律

一、名词解释 略

二、填空题

1. 7、3、16、7、7、1、1

2. 电子层数；从左到右元素的金属性逐渐减弱，非金属性逐渐增强；最外层电子数；从上到下元素的金属性逐渐增强，非金属性逐渐减弱

三、简答题 略

第四章 化学反应及其规律

一、名词解释 略

二、填空题

1. MnO_2、HCl

2. 升降变化、升高、降低

3. 浓度、压强、温度、催化剂

4. 氧化反应、还原剂、还原反应、氧化剂

三、简答题　略

第五章　常见元素及其化合物

一、填空题

1. 有毒的、黄绿色、氯水

2. 苏打或纯碱、碱性、小苏打、碱性

二、简答题　略

三、用化学方法鉴别下列各组物质　略

第六章　电解质溶液

一、名词解释　略

二、填空题

1. 酸、碱、中

2. $FeCl_3$、NH_4Cl，CH_3COONa、$NaHCO_3$，$NaCl$

3. H^+、负对数、$pH=-lg[H^+]$

4. 5、酸、1.0×10^{-9}、碱

5. 红、变浅、同离子效应

6. 生成难溶于水的物质、生成难解离的物质、生成挥发性的物质

三、简单题

1. 略

2.（1）1　（2）13　（3）4　（4）4

第七章　缓冲溶液

一、名词解释　略

二、填空题

1. 抗碱、抗酸、H^+、缓冲对（或缓冲系）

2. 弱酸及其对应的盐、弱碱及其对应的盐、多元弱酸的酸式盐及其对应的次级盐

3. 碳酸氢钠、氯化铵

三、简答题　略

第八章　配位化合物

一、名词解释　略

二、填空题

1. 配离子（内界）、外界离子（外界）

2. 氢氧化四氨合铜（Ⅱ）、$[Cu(NH_3)_4]^{2+}$、OH^-、Cu^{2+}、NH_3、4、+2

3. EDTA

三、简答题　略

元 素 周 期 表

图例说明：

92 U — 原子序数（红色为元素符号，指放射性元素）
铀 — 元素名称（注*的是人造元素）
5f³6d¹7s² — 外围电子层排布，括号指可能的电子层排布
238.0 — 相对原子质量（加括号的数据为该放射性元素半衰期最长同位素的质量数）

非金属　金属　过渡元素

周期 \ 族	I A 1	II A 2	III B 3	IV B 4	V B 5	VI B 6	VII B 7		VIII 8,9,10		I B 11	II B 12	III A 13	IV A 14	V A 15	VI A 16	VII A 17	0 18
1	1 H 氢 1s¹ 1.008																	2 He 氦 1s² 4.003
2	3 Li 锂 2s¹ 6.941	4 Be 铍 2s² 9.012											5 B 硼 2s²2p¹ 10.81	6 C 碳 2s²2p² 12.01	7 N 氮 2s²2p³ 14.01	8 O 氧 2s²2p⁴ 16.00	9 F 氟 2s²2p⁵ 19.00	10 Ne 氖 2s²2p⁶ 20.18
3	11 Na 钠 3s¹ 22.99	12 Mg 镁 3s² 24.31											13 Al 铝 3s²3p¹ 26.98	14 Si 硅 3s²3p² 28.09	15 P 磷 3s²3p³ 30.97	16 S 硫 3s²3p⁴ 32.06	17 Cl 氯 3s²3p⁵ 35.45	18 Ar 氩 3s²3p⁶ 39.95
4	19 K 钾 4s¹ 39.10	20 Ca 钙 4s² 40.08	21 Sc 钪 3d¹4s² 44.96	22 Ti 钛 3d²4s² 47.87	23 V 钒 3d³4s² 50.94	24 Cr 铬 3d⁵4s¹ 52.00	25 Mn 锰 3d⁵4s² 54.94	26 Fe 铁 3d⁶4s² 55.85	27 Co 钴 3d⁷4s² 58.93	28 Ni 镍 3d⁸4s² 58.69	29 Cu 铜 3d¹⁰4s¹ 63.55	30 Zn 锌 3d¹⁰4s² 65.38	31 Ga 镓 4s²4p¹ 69.72	32 Ge 锗 4s²4p² 72.63	33 As 砷 4s²4p³ 74.92	34 Se 硒 4s²4p⁴ 78.96	35 Br 溴 4s²4p⁵ 79.90	36 Kr 氪 4s²4p⁶ 83.80
5	37 Rb 铷 5s¹ 85.47	38 Sr 锶 5s² 87.62	39 Y 钇 4d¹5s² 88.91	40 Zr 锆 4d²5s² 91.22	41 Nb 铌 4d⁴5s¹ 92.91	42 Mo 钼 4d⁵5s¹ 95.96	43 Tc 锝 4d⁵5s² [98]	44 Ru 钌 4d⁷5s¹ 101.1	45 Rh 铑 4d⁸5s¹ 102.9	46 Pd 钯 4d¹⁰ 106.4	47 Ag 银 4d¹⁰5s¹ 107.9	48 Cd 镉 4d¹⁰5s² 112.4	49 In 铟 5s²5p¹ 114.8	50 Sn 锡 5s²5p² 118.7	51 Sb 锑 5s²5p³ 121.8	52 Te 碲 5s²5p⁴ 127.6	53 I 碘 5s²5p⁵ 126.9	54 Xe 氙 5s²5p⁶ 131.3
6	55 Cs 铯 6s¹ 132.9	56 Ba 钡 6s² 137.3	57~71 La~Lu 镧系	72 Hf 铪 5d²6s² 178.5	73 Ta 钽 5d³6s² 180.9	74 W 钨 5d⁴6s² 183.8	75 Re 铼 5d⁵6s² 186.2	76 Os 锇 5d⁶6s² 190.2	77 Ir 铱 5d⁷6s² 192.2	78 Pt 铂 5d⁹6s¹ 195.1	79 Au 金 5d¹⁰6s¹ 197.0	80 Hg 汞 5d¹⁰6s² 200.6	81 Tl 铊 6s²6p¹ 204.4	82 Pb 铅 6s²6p² 207.2	83 Bi 铋 6s²6p³ 209.0	84 Po 钋 6s²6p⁴ [209]	85 At 砹 6s²6p⁵ [210]	86 Rn 氡 6s²6p⁶ [222]
7	87 Fr 钫 7s¹ [223]	88 Ra 镭 7s² [226]	89~103 Ac~Lr 锕系	104 Rf 𬬻* (6d²7s²) [265]	105 Db 𬭊* (6d³7s²) [268]	106 Sg 𬭳* (6d⁴7s²) [271]	107 Bh 𬭶* (6d⁵7s²) [270]	108 Hs 𬭳* (6d⁶7s²) [277]	109 Mt 鿏* (6d⁷7s²) [276]	110 Ds 𫟼* [281]	111 Rg 𬬭* [280]	112 Cn 鿔* [285]	113 Nh 鿭* [284]	114 Fl 𫓧* [289]	115 Mc 镆* [288]	116 Lv 𫟷* [293]	117 Ts 鿬* [294]	118 Og 鿫* [294]

镧系

57 La 镧 5d¹6s² 138.9	58 Ce 铈 4f¹5d¹6s² 140.1	59 Pr 镨 4f³6s² 140.9	60 Nd 钕 4f⁴6s² 144.2	61 Pm 钷 4f⁵6s² [145]	62 Sm 钐 4f⁶6s² 150.4	63 Eu 铕 4f⁷6s² 152.0	64 Gd 钆 4f⁷5d¹6s² 157.3	65 Tb 铽 4f⁹6s² 158.9	66 Dy 镝 4f¹⁰6s² 162.5	67 Ho 钬 4f¹¹6s² 164.9	68 Er 铒 4f¹²6s² 167.3	69 Tm 铥 4f¹³6s² 168.9	70 Yb 镱 4f¹⁴6s² 173.0	71 Lu 镥 4f¹⁴5d¹6s² 175.0

锕系

89 Ac 锕 6d¹7s² [227]	90 Th 钍 6d²7s² 232.0	91 Pa 镤 5f²6d¹7s² 231.0	92 U 铀 5f³6d¹7s² 238.0	93 Np 镎 5f⁴6d¹7s² [237]	94 Pu 钚 5f⁶7s² [244]	95 Am 镅* 5f⁷7s² [243]	96 Cm 锔* 5f⁷6d¹7s² [247]	97 Bk 锫* 5f⁹7s² [247]	98 Cf 锎* 5f¹⁰7s² [251]	99 Es 锿* 5f¹¹7s² [252]	100 Fm 镄* 5f¹²7s² [257]	101 Md 钔* (5f¹³7s²) [258]	102 No 锘* (5f¹⁴7s²) [259]	103 Lr 铹* (5f¹⁴6d¹7s²) [262]

电子层与电子数（0族）：

0族	电子层	电子数
He	K	2
Ne	L, K	8, 2
Ar	M, L, K	8, 8, 2
Kr	N, M, L, K	8, 18, 8, 2
Xe	O, N, M, L, K	8, 18, 18, 8, 2
Rn	P, O, N, M, L, K	8, 18, 32, 18, 8, 2
Og	Q, P, O, N, M, L, K	8, 18, 32, 32, 18, 8, 2